AF548436

Brunhilde Bross-Burkhardt

50 sagenhafte Naturdenkmale in Baden-Württemberg

Regionen Odenwald, Neckarland, Hohenlohe, Ostalb, Nordschwarzwald

Brunhilde Bross-Burkhardt

50 sagenhafte Naturdenkmale in Baden-Württemberg

Regionen Odenwald, Neckarland, Hohenlohe, Ostalb, Nordschwarzwald

steffen verlag

Übersichtskarte

Langen
Main
Karlstadt
Werneck
Gross-Gerau
Aschaffenburg
Grossostheim
Darmstadt
Marktheidenfeld
Volkach
Pfungstadt
Würzburg
Odenwald
Main
Kitzingen
Wertheim
Tauber
Tauberbischofsheim
1
Weinheim
2
Mannheim
Eberbach
Buchen
Bad Mergentheim
3
Heidelberg
6
Rothenburg ob der Tauber
4
5
30
31
32
Mosbach
29
Blaufelden
Wiesloch
Neckar
28
33
Künzelsau
34
Sinsheim
Kocher
26
Jagst
Neckarsulm
Eppingen
25
Heilbronn
Schwäbisch Hall
Crailsheim
7
8
Bretten
27
Neckar
24
Murrhardt
Gaildorf
Mühlacker
23
35
Ellwangen
22
17
Enz
Pforzheim
Ludwigsburg
Backnang
Waiblingen
36
Bopfingen
Leonberg
19
Schorndorf
37
Aalen
16
20
21
38
39
Stuttgart
Esslingen
Schwäbisch Gmünd
40
15
Calw
Göppingen
41
Heiden-heim an der Brenz
Sindelfingen
50
Herrenberg
Kirchheim unter Teck
Geislingen
18
42
43
45
Nagold
48
47
46
Tübingen
44
49
Neckar
Reutlingen
Schwäbische Alb
Ulm
Balingen
Donau
Iller
Rottweil
Rot
Sigmaringen
Riss
Tuttlingen

Inhaltsverzeichnis

Anhang

Gebirgige Szenerie am Rosenstein-Westfelsen

Vorwort

Mikro-Abenteuer ist das neue Stichwort für Erkundungen im Nahbereich. Da hat Baden-Württemberg mit seinen vielfältigen Naturräumen einiges zu bieten. Jedes einzelne der über 14.000 Naturdenkmale im Bundesland bietet die Chance auf ein Mikro-Abenteuer – unzählige andere Besonderheiten in der Natur und die Naturschutzgebiete gar nicht mit gerechnet. Insgesamt nehmen die Naturdenkmale in Baden-Württemberg eine Fläche von 6500 Hektar ein, entsprechend 0,18 Prozent der Landesfläche.

Allein an meinem Wohnort sind 20 flächenhafte Naturdenkmale und zwölf Einzeldenkmale ausgewiesen, dazu etliche Geotope. Bei meinen täglichen Gängen und Fahrten in der Umgebung meines Hauses passiere ich Dolinen, Teiche und alte Baumgestalten und beobachte das jahreszeitliche Geschehen um sie herum. Der Eichenhain Schweizersweide an meinem Wohnort Langenburg beeindruckt mich dabei stets aufs Neue.

Überhaupt die Bäume: Einige der nachweislich ältesten Bäume Deutschlands wachsen in meiner dünn besiedelten, ländlichen Heimatregion Hohenlohe im Nordosten von Baden-Württemberg: In Spaziergangsdistanz von meinem Geburtsort steht die Lenzeiche bei Niederstetten-Sichertshausen, und nicht weit entfernt die Gerichtslinde in Blaufelden-Wiesenbach. Die Lindenlaube in Mulfingen-Hollenbach und die Neusaßer Linde bei Schöntal sind auch nicht fern – allesamt im Ranking der monumentalen Bäume Deutschlands ganz weit oben platziert.

Weitere Naturdenkmale sind mir von früheren Naturschutzexkursionen her lange bekannt; andere entdeckte ich erst bei meiner Recherche für dieses Buch. Meine persönlichen Höhepunkte bei der Recherche waren im Württembergischen die Charlottenhöhle bei

Naturdenkmal Lenzeiche bei Niederstetten-Sichertshausen

Giengen an der Brenz und das Bergmassiv Rosenstein bei Heubach im Remstal mit seinen eindrucksvollen Höhlen an der Traufkante. Im badischen Landesteil faszinierten mich der Michaelsberg bei Bruchsal mit seiner besonderen Geschichte und seiner reichen Flora und die über dem Murgtal im Nordschwarzwald aufgereihten Felsen-Naturdenkmale, vor allem die Giersteine bei Forbach. Ein interessanter kulturgeschichtlicher Aspekt tat sich mit den Maulbeerbäumen in Mannheim auf, die in großer Anzahl auf der Maulbeerinsel und im Stadtgebiet verteilt stehen. Sie sind Relikte der einstigen Seidenraupenzucht in der Kurpfalz.

In der Gesamtschau zeigt sich, dass innerhalb des Gebiets Baden-Württemberg Nord (also in den Regierungsbezirken Stuttgart und Karlsruhe) die Typen von Naturdenkmalen unterschiedlich verteilt sind – bedingt durch Geologie, Siedlungsgeschichte und Landnutzung. Sehr alte Baumgestalten stehen schwerpunktmäßig im dünn besiedelten Nordosten des Gebiets. Größere Höhlen und Felsformationen finden sich bedingt durch die Geologie vor allem am Albrand, in der Gesteinsformation des Jura. In der Schichtstufe des Keuper, der im Schwäbischen Wald und im Stromberg-Heuchelberg-Gebiet ansteht, sind die Felsen-Naturdenkmale etwas kleiner dimensioniert, aber ebenso interessant und oft von Sagen umrankt. In Muschelkalkregionen zeigen sich auf karstigem Untergrund viele Dolinen.

Das nördliche Baden-Württemberg ist Teil der großflächigen süddeutschen Schichtstufenlandschaft mit den übereinander geschichteten, wie in schrägen, leicht gekippten Stufen angeordneten Gesteinsformationen Buntsandstein, Muschelkalk, Keuper und Jura. Als Naturwissenschaftlerin war es mir wichtig, besonders interessante Beispiele aus jeder dieser Gesteinsformationen mit in das Buch hereinzunehmen, sie repräsentieren somit die Geologie des Bundeslandes.

Nebenbei gebe ich durch die Auswahl der Naturdenkmale Einblick in die Landesgeschichte. Denn viele Naturdenkmale sind gleichzeitig Kulturdenkmale, manchmal auch Technikdenkmale, etliche sind verbunden mit dem Leben und Wirken berühmter Persönlichkeiten, von Fürsten und Künstlern. Vom Menschen nicht oder kaum beeinflusste Naturobjekte sind nur wenige. Erst bedingt durch den Menschen werden sie zum Denkmal.

Überhaupt war es mir ein Anliegen, eine repräsentative Auswahl zu treffen, so dass jeder Naturraum, jeder Regierungsbezirk und jeder Kreis entsprechend seiner Fläche einigermaßen gleichberechtigt vertreten ist und dass ich dies auch mit meinen Fotos zeigen kann. Mein jahrzehntelanges Durchstreifen vieler Landschaften Deutschlands und Mitteleuropas hat meinen Blick geschärft und mich hoffentlich die richtige Auswahl treffen lassen. Und wenn sich zu einem Naturdenkmal noch eine sagenhafte Geschichte erzählen lässt, umso besser. So werden Sie, liebe Leser, im vorliegenden Buch auch Riesen, Burgfräuleins, Erdmännlein und seltsamen Wesen begegnen, und einige Male dem Teufel dazu.

Botanik am Wegesrand: Mannstreu an der Kreuzhohle bei Bruchsal

Dieses Schild weist auf die Kreuzhohle bei Bruchsal hin (siehe Seite 38)

Was ist ein Naturdenkmal?

Was ein Naturdenkmal ist, ist nach § 28 des Bundesnaturschutzgesetzes genau definiert. Es sind Einzelschöpfungen oder entsprechende Flächen bis zu 5 Hektar, deren besonderer Schutz erforderlich ist: 1. aus wissenschaftlichen, naturgeschichtlichen oder landeskundlichen Gründen oder 2. wegen ihrer Seltenheit, Eigenart und Schönheit. Das baden-württembergische Naturschutzgesetz nennt noch ein weiteres Kriterium für die Ausweisung eines Naturdenkmals, nämlich die Sicherung und Entwicklung von Lebensgemeinschaften oder Lebensstätten wild lebender Tier- und Pflanzenarten. Flächenhafte Naturdenkmale umfassen oft Bereiche, die als gesetzlich geschützte Biotope ohnehin geschützt sind. Ich fasse für dieses Buch die Definition etwas weiter und nehme auch ein paar kleine Naturschutzgebiete mit Naturdenkmalcharakter und ausgewiesene Geotope mit hinzu.

Dr. Brunhilde Bross-Burkhardt
Langenburg, im Herbst 2019

Exotische Bäume

Wie die Libanon-Zeder an ihren Platz kam

Weinheim an der Bergstraße

1 Weinheim ist ein wichtiges Reiseziel für Gartenfreunde: Der Hermannshof, ein privater Schau- und Sichtungsgarten, zieht Besucher aus der ganzen Welt an. Sie kommen wegen der beispielgebenden Gartengestaltung und wegen des reichen Bestandes an Gehölzen, vor allem wegen des Blauregen-Laubenganges. Überhaupt ist Weinheim mit seinem milden Klima eine Art Hot Spot für Gehölzvielfalt: Die Bäume und Sträucher stehen in den Parks und Grünanlagen und sogar im Wald. Über allem wacht Burg Windeck. Bei meiner Weinheim-Exkursion dachte ich mir, dass sich von dort das grüne Weinheim am besten überblicken lässt. Und so war es auch: Vom Turm der Burgruine lag mir alles zu Füßen: der Exotenwald mit Dutzenden von dunkelgrünen Mammutbäumen, der Schlosspark, der Hermannshof und dahinter die Rheinebene bis zum Pfälzer Wald.

Nach diesem Überblicksbild folgte die Erkundung im Detail. Vor allem das Betrachten der Libanon-Zeder (*Cedrus libani*), die als älteste und größte Deutschlands gilt. Der um 1720 gepflanzte Baum hat einen Stammumfang von 5,70 Metern und eine Höhe von fast 30 Metern.

Wie die Zeder an ihre Stelle im Kleinen Schlosspark kam – dazu gibt es eine schöne Geschichte, die ich in dem Artikel »Diese Bäume ziehen Touristen magisch an« vom 25.4.2013 in der Rhein-Neckar-Zeitung fand und hier in Kurzform widergebe: Der zu der Zeit in kurfürstlichen Diensten stehende Hofgärtner hatte die Zeder selbst aus

Schön gewachsener Ginkgobaum im Weinheimer Schlosspark

einem Samen gezogen und wusste zunächst nicht, wo er sie pflanzen sollte. In der Zeit der Raunächte zwischen Weihnachten und dem Dreikönigstag verirrte er sich auf dem Heimweg von einem Weinbauern, bei dem er etliche Gläser Rotwein getrunken hatte. Da gesellte sich eine große schwarze Hündin zu ihm und führte ihn bis zum Obertor des Schlosses. Dort blieb sie stehen, leckte ihm die Hand und verschwand. Daraufhin pflanzte der Hofgärtner genau an dieser Stelle die Zeder ein.

Mich beeindruckte der ebenfalls alte und schön gewachsene Ginkgobaum (*Ginkgo biloba*) vor dem Schloss. Der etwa 20 Meter hohe Baum wurde um 1840 gepflanzt. Er kann sich an dieser Stelle frei entfalten. Weitere Gehölze aus aller Welt sind im fünf Hektar großen Schlosspark versammelt: darunter Atlas-Zeder, Urweltmammutbaum, Bergmammutbaum, Amberbaum, Eisenholzbaum, Geweihbaum, Japanischer Schnurbaum und Zürgelbaum.

Den Spaziergang durch den Schlosspark sollte man in den angrenzenden Weinheimer Exotenwald ausdehnen. Schlossherr Christian Freiherr von Berckheim (1817–1889) ließ hier ab 1872 exotische Bäume pflanzen, in Gruppen nach ihrer Herkunftsregion zusammengefasst. Zum Pflanzprogramm gehörten auch 2874 (!) Libanon-Zedern; die gingen jedoch alle in dem kalten Winter 1878/79 ein. Ihren Platz nehmen heute Schwarzkiefern ein. Aus Spaziergängerperspektive erscheint der Exotenwald wie ein herkömmlicher Wald. Seine Besonderheiten erschließen sich erst bei genauem Betrachten der Baumgestalten und durch Lesen der Schilder – und beim Blick von oben. Gut ausgeschilderte Spazierwege führen durch den Wald.

Auf eine vielbestaunte Besonderheit im Hermannshof möchte ich zudem hinweisen: auf den Brautmyrtenbaum (*Myrtus communis*) vor dem Gärtnerhaus. Er wurde 1879 aus einem Myrtenzweig im Brautstrauß von Helene Freudenberg gezogen. Im Winter wird der 8 Meter hohe und ebenso ausladende Baum zum Schutz vor Frösten eingehaust.

Der Blauregen-Laubengang im Hermannshof ist eine Attraktion

Informationen

Anfahrt: Weinheim liegt an der Bergstraße zwischen Heidelberg und Frankfurt am Main, an der Autobahn A5 und ist Bahnstation (mit IC-Halt) an der Strecke Karlsruhe – Heidelberg – Frankfurt am Main. Vom Bahnhof aus sind Hermannshof und Schlosspark gut zu Fuß erreichbar. Beide Parks sind öffentlich zugänglich.

Die Ausschilderung der Grünanlagen in Weinheim ist vorbildlich. Vom Bahnhof aus führen Wegweiser Besucher auf Grünen Meilen sicher zu den gärtnerischen und botanischen Sehenswürdigkeiten. Die Stadt ist sich des touristischen Potentials der Bäume bewusst und lässt diese Naturschätze in Trockenphasen wässern und pflegen.

i www.weinheim.de und www.sichtungsgarten-hermannshof.de

Maulbeerinsel und Weiße Maulbeerbäume

Was von der einstigen Seidenraupenzucht noch übrig ist

Mannheim

2 Bei der Maulbeerinsel handelt es sich um eine Kombination von Naturschutzgebiet und einzelnen, als Naturdenkmale ausgewiesenen Weißen Maulbeerbäumen (*Morus alba*). Die alten Maulbeerbäume zeugen von den früheren Versuchen der Seidenraupenzucht in der Kurpfalz, die letztlich scheiterten. Bereits Kurfürst Karl Theodor ließ im 18. Jahrhundert Weiße Maulbeerbäume zur Seidenraupenzucht pflanzen. (Die Seidenraupen fressen die Maulbeerblätter und spinnen zur Verpuppung ihre Kokons aus Seidenfäden.)

Großherzogin Stephanie von Baden startete 1819 einen neuen Versuch. Eine stattliche Anzahl dieser auf den zu der Zeit östlichen

200 Jahre alter Maulbeerbaum

Relikt aus Zeiten der Seidenraupenzucht

Neckardamm gepflanzten Exemplare stehen noch. Zur Zeit der Anpflanzung war der Standort noch keine Insel, sondern das östliche Ufer des Neckars. Zur Insel wurde das Gelände erst mit dem Bau des Neckarkanals in den 1930er-Jahren. Heute wirkt die lang gestreckte, schmale Insel fast so, als ob es schon immer so gewesen sei, fast wie wilde Natur. Sie ist insgesamt als Naturschutzgebiet ausgewiesen.

Inmitten der Wildnis versteckt stehen über hundert Maulbeerbäume, durchnummeriert von der Insel-Spitze an. Die älteren Exemplare sind als Naturdenkmale ausgewiesen. Mit knorrigen, stark gefurchten Stämmen, auseinandergebrochen, mit abgebrochenen Ästen, mit verschlungenem Astwerk, das sich zum Himmel reckt. Diese alten Bäume tragen kaum noch Früchte.

Genau diese Maulbeerbäume lockten mich zur Reise an den Neckar. Ich wollte sie zur Zeit der Fruchtreife im Juni sehen. Von der Straßenbahnhaltestelle Holbeinstraße ging ich auf dem von Platanen gesäumten Uferdamm zur Brücke über den Neckar auf die Insel. Dort stieß ich auf Rohrleitungen, die zunächst einmal eher an ein Industrieareal denken ließen. Doch schon nach wenigen Schritten war ich mitten drin im grünen Dschungel. Ein schmaler Pfad leitet hindurch. Die Maulbeerbäume verstecken sich im dichten Gehölzbestand zwischen Linden, Wildkirschen, Ahornen, Pappeln neben Holunder, jeder Menge Brombeeren und krautigem Bewuchs aus Disteln, Wildem Hopfen und Zaunrübe. Es dauerte eine Weile, bis ich die Maulbeerbäume in dem Dickicht ausmachen konnte. Doch mit etwas Übung, mit dem dann eingeübten »Maulbeerbaumblick« waren sie bald an der bräunlichen Farbe der Stämme zu erkennen. Und an den Früchten, die sich grade weiß zu färben begannen.

Die sehr alten Exemplare mit auseinanderbrechenden Stämmen stehen im hinteren Teil der Insel zur Spitze hin. Sie sind durchnummeriert, kleine Pappschildchen sind daran befestigt. Mit abbrechenden Ästen und Höhlungen, die das Ganze noch mehr zum Dschungel machen. Doch sogar die alten Bäume besitzen noch einen enormen »Austriebswillen« und treiben aus dem Holz frisches Grün. Zur

Weiße Maulbeeren im Geäst

Essbar: Früchte der Weißen Maulbeere

Inselmitte hin stehen jüngere Maulbeerbäume, die voll mit Früchten behangen sind. Auf meinem Rückweg bemerkte ich erst, dass Zweigstücke mit Maulbeeren am Boden lagen. Und auf dem Endstück bei der Fußgängerbrücke wurde ich geradezu bombardiert von den herabfallenden reifen Früchten, deren Farbe beim Abreifen von Weiß ins Violett-Schwärzliche umschlägt.

Informationen

Anfahrt: Vom Hauptbahnhof Mannheim aus mit der Straßenbahnlinie 5 (Richtung Heidelberg), vorbei am Schloss, durch die Innenstadt bis zum Neckarufer und an ihm entlang, bis zur Haltestelle Holbeinstraße. Von dort aus über die Fußgängerbrücke zur Maulbeerinsel.

Dossenheimer Klause

Ein Felsen für den Eremiten

Dossenheim

❸ Auf dieses Naturdenkmal war ich gespannt. Ich malte mir die Situation ähnlich aus wie bei der Bruderhöhle in Calw-Hirsau (siehe Seite 66 ff.), die ich zuvor erkundet hatte. Ich dachte auch an Abkehr von der Zivilisation á la »Walden« von Henry David Thoreau, ein Lebensmodell, das auf mich doch einen gewissen Reiz ausübt. Eine weitere Felsenbehausung, das »Meutersloch«, liegt nicht weit von Dossenheim entfernt in Heidelberg-Ziegelhausen. Die Realität erwies sich jedoch als banaler und nicht sehr einladend.

Der Legende zufolge soll im Jahr 1765 ein Mann namens Johann Georg Kernstock aus Niederösterreich an die Bergstraße gekommen sein und die Felshöhlung zum Siedeln ausgewählt haben. Er

Unter dem Felsblock verbirgt sich die Klause

sei Lutheraner gewesen und zum katholischen Glauben konvertiert. Weiter wird erzählt, dass er dem Dritten Orden der Franziskaner angehört habe und als Wunderheiler tätig gewesen sei.

Die Legende hat zwar einen wahren Kern, doch sie stimmt nach neuen Recherchen des Historikers Christian Burkhart, abgedruckt im »Mannheimer Morgen« vom 4. Oktober 2012, so nicht. Auch ich selbst stutzte, weil ich es für unwahrscheinlich hielt, dass im »katholischen« Niederösterreich jemand Lutheraner gewesen und ausgerechnet in Dossenheim zum Katholizismus übergetreten sein soll. Dem Historiker zufolge ist es wahrscheinlich, dass Kernstock aus dem Raum Ansbach einwanderte. Im Kirchenbuch belegt ist, dass am 8. August 1765, dem Festtag des heiligen Märtyrers Cyriacus, die »Cyriacus-Klause« des Eremiten geweiht wurde. Die Klause bewohnte Kernstock wohl nur zeitweise. Dokumente belegen, dass 60 Gulden zum Bau eines Hauses für den Eremiten gesammelt wurden. Wahrscheinlich lebte Kernstock die meiste Zeit in diesem Haus zusammen

Nur kriechend gelangt man ins Innere der Klause

Über den Eremiten Kernstock

mit seiner Mutter, die 1785 in Dossenheim verstarb. Im Generallandesarchiv Karlsruhe findet sich zudem ein Schriftstück von 1773, das bestätigt *»daß obbermeldeter Eremit zu Doßenheim ein sehr frommes und exemplarisches Leben führe«.*

Ein paar Dokumente geben also schon Auskunft über Kernstock. Es bleiben aber viele Rätsel. Ein Wunderheiler, wie angenommen, war er sicher nicht. Aber die Klause gibt es tatsächlich. Sie liegt etwa einen Kilometer ostnordöstlich vom Dossenheimer Ortskern am bewaldeten Hang des Mühltals.

»Klause« ist tatsächlich der treffende Begriff; das Objekt ist keine Höhle im eigentlichen Sinn. Durch die besondere Lagerung des Felsblocks am Hang entstand darunter ein Hohlraum, den Kernstock sich als Behausung herrichtete und ausmauerte. Bei dem Felsen handelt es sich um Rhyolith, bekannter unter der alten Bezeichnung Quarzporphyr (siehe auch Seite 25), der an der Bergstraße überall zum Vorschein kommt und früher für den Straßenbau abgebaut wurde.
Für mich präsentierte sich die Klause als bemooster Gesteinsblock mit etwa den Maßen acht Meter Tiefe, fünf Meter Breite und vier Meter Höhe und mit einer niedrigen, gemauerten Öffnung. Einige Dossenheimer Bürger renovierten die Klause vor einigen Jahren und brachten sie in einen Zustand annähernd wie zu Kernstocks Zeiten. Ins Innere gelangte ich nur kriechend. Dort hielt ich es nicht lange aus; da empfand ich nur Beklemmung – kein Wunder bei dem tief hängenden Felsen und der kleinen Grundfläche von schätzungsweise vier, maximal fünf Quadratmetern. Stehen kann man nur im hinteren Teil der Höhle. Dass man in einem solch kleinen, eher kerkerartigen Raum auf Dauer wohnen kann, ist kaum vorstellbar.

Der Rhyolithfelsen ist der größte in einem relativ kleinen Felsenmeer, das sich den Hang des Kirchbergs hinab ergießt. Ein anderer großer Felsblock, der als Bärenstein bezeichnet wird, liegt unterhalb der Klause auf der Talsohle des Mühlbaches.

Informationen

Anfahrt: Dossenheim ist mit öffentlichen Verkehrsmitteln sehr gut erreichbar, im Rundverkehr mit der Straßenbahnlinie RNV 5 Mannheim – Heidelberg oder mit der Bahnlinie Heidelberg – Schriesheim – Weinheim. Der Weg zur Klause ist im Ort leider nicht ausgeschildert – einer der seltenen Fälle, bei denen ich mich durchfragen musste. Vom Bahnhof aus folgte ich der Hauptstraße, passierte die Evangelische Kirche und folgte weiter die Talstraße stetig bergauf gehend bis zum Wanderparkplatz am äußersten Ortsrand. Dort steht eine Tafel mit einem vorgeschlagenen Rundweg durchs Mühltal, der gleichzeitig als Waldlehrpfad angelegt ist. Bei meiner Exkursion sah ich fast entlang des gesamten Weges Wühlspuren von Wildschweinen. Vom Forstamt angebrachte Schilder informieren über die vorkommenden Baumarten, über die Waldnutzung, über die Geschichte. So fügt sich alles zu einem lehrreichen Ganzen.

In Dossenheim gibt es noch eine andere geologische Besonderheit: einen aufgelassenen Steinbruch, den Leferenz-Steinbruch, in dem Rhyolith (Quarzporphyr) abgebaut wurde. Wer mit dem Auto oder mit dem Zug im Rheintal unterwegs war, hat diese weithin sichtbare Felswand sicher schon einmal wahrgenommen. Den stillgelegten Steinbruch, der als Geotop ausgewiesen ist, kann man auf Wanderwegen beziehungsweise Trails erkunden.

Russenstein und Wilckensfels

Hohe Politik unterm Felsen

Heidelberg

❹ Heidelberg hat neben seinem Flair und den vielen kulturellen Sehenswürdigkeiten auch etliche Naturschätze zu bieten. Aus den neun flächenhaften Naturdenkmalen, den 33 Einzeldenkmalen und kleinen Naturschutzgebieten wähle ich eine Felsformation aus: den aus Granit bestehenden Russenstein. Beim Einfahren mit der Bahn nach Heidelberg hatte ich den Felsen am gegenüberliegenden Neckarufer oftmals gesehen, und nahm das Schreiben des Reiseführers als Anlass, ihn mir genauer anzuschauen. Die dominante ins Neckartal ragende Granit-Fels-Klippe heißt Wilckensfels und ist benannt nach dem langjährigen Heidelberger Oberbürgermeister Karl Wilckens (1851–1914). Dieser bereits im Jahr 1951 als flächenhaftes Naturdenkmal ausgewiesene Felsen ist Teil des Teil-Naturschutzgebietes Russenstein (3,5 Hektar) auf Heidelberger Stadtgebiet. Weitere Teilgebiete des insgesamt nur 9,9 Hektar großen Naturschutzgebietes sind das Ziegelhauser Felsenmeer und der Naturpark Michelsbrunnen. Die Heidelberger bezeichnen das alpine Gelände treffenderweise als Neuenheimer Schweiz.

Der Rhyolithfelsen, auch als Heidelberger Granit bezeichnet, setzt sich aus mehreren trockenen Hangrippen mit einzelnen exponierten Felsgruppen und dazwischen liegenden, feuchten Rinnen zusammen. Am streifigen Bewuchs mit Wasserdost sind die feuchten Rinnen gut zu erkennen. Am östlichen Fuß des Felsens befindet sich ein weiteres Naturdenkmal, das Haarlasser Lössvorkommen.

Der Russenstein hat vor allem für Geologen einen hohen Stellenwert; der vulkanisch entstandene Rhyolith tritt im Neckartal erst hier im Unterlauf bei Heidelberg zutage und setzt sich rechts und links des Neckars in die Hänge fort. Im Neckartal aufwärts ist er von einer mächtigen Buntsandsteinschicht verdeckt. An der

Aus Heidelberger Granit: der Wilckensfels im Naturschutzgebiet Russenstein

Bergstraße tritt das Gestein direkt zutage; es wurde in Steinbrüchen abgebaut.

Das kleine Naturschutzgebiet ist auf schmalen und steilen Pfaden begehbar, hier zu klettern ist dagegen strengstens verboten. Um die kleine Hochgebirgswanderung – tatsächlich mit einer Anmutung wie im Schweizer Hochgebirge – anzutreten, sollte man trittsicher und schwindelfrei sein. Das Begehen des Pfades hoch über dem Neckar empfand sogar ich als geübte Wanderin als ein kleines Wagnis. Erst recht als ich auf sandigem Grund ausrutschte, was mir nur sehr selten passiert.

Seinen rätselhaften Namen verdankt das Gebiet einem Gedenkstein an der Abzweigung des Haarlassweges von der Ziegelhäuser Landstraße. Der Inschrift zufolge ist hier ein Kutscher des russischen Großfürsten Michael namens Theodor Rudolph Pernewitsch »in seinem Berufe«, beim Tränken der Pferde, im Jahr 1815 im Neckar ertrunken. Eingemeißelt ist der Spruch: *»Hier starb im Dienste seines Herrn, der mit der Russen Heeresbann gezogen war aus weiter Fern, ein treuer Knecht, jetzt stiller Mann.«*

Ich fragte mich, was ein russischer Kutscher so weit entfernt von Russland zu suchen hatte. Die Antwort fand ich in der hohen Politik, in einer historischen Begebenheit, von der heute kaum noch jemand weiß. Heidelberg war im Frühsommer 1815 nämlich so etwas wie die Hauptstadt Europas; hier kamen der österreichische Kaiser Franz, der russische Zar Alexander I. und der preußische König Friedrich Wilhelm III. zusammen – ein Alliiertentreffen, anberaumt, weil der zuvor nach Elba verbannte Napoleon erneut die Macht ergreifen wollte. Der ertrunkene Kutscher gehörte zum Tross des russischen Zaren und war im Gasthof Haarlaß untergebracht, während der Zar auf der anderen Neckarseite, in der Nähe des Karlstors, logierte. Das Alliierten-Treffen löste sich jedoch rasch auf, als Napoleon am 20. Juni 1815 in Waterloo vernichtend geschlagen wurde. Der Kutscher ertrank beim Tränken der Pferde im Neckar am 22. Juni, kurz vor der Abreise des Trosses am 24. Juni.

Gedenkstein für den ertrunkenen Kutscher und restaurierter Wegweiserstein

Kulturdenkmale Wegweisersteine

Einen Hinweis wert sind die besonders gestalteten Wegweisersteine auf Heidelberger Gemarkung, die die von 1879 bis 1927 existierende Heidelberger Waldkommission zur touristischen Erschließung des Stadtwaldes aufstellen ließ. Insgesamt existieren heute 780 Wegweiser. In einem von der Stadt Heidelberg herausgegebenen Faltblatt sind die wichtigsten verzeichnet und in zwei Karten eingetragen. Die weisen nach einem bestimmten System Wege und Wanderziele aus, darunter etliche Naturdenkmale, mit teils einprägsamen Bezeichnungen wie Kühruh oder Sieben Linden. Erst in jüngster Zeit haben Ehrenamtliche die Steine aufgefrischt, die Buchstaben mit weißer Farbe nachgezogen, so dass die Inschriften jetzt wieder gut lesbar sind. Unter www.heidelberg.de/stadtplan lässt sich unter »Heidelberg erleben« zudem jeder einzelne Stein aufrufen.

Informationen

Anfahrt: Das Naturschutzgebiet Russenstein (mit dem Naturdenkmal Wilckensfels) liegt zwischen den Heidelberger Ortsteilen Neuenheim und Ziegelhausen direkt neben der Ziegelhäuser Landstraße, die am rechtsseitigen, nördlichen Neckarufer entlang führt. Zu Fuß erreicht man die Stelle von der Alten Brücke aus in einer knappen Viertelstunde. Die nächstgelegene Bushaltestelle (Linie 34 ab Bismarckplatz) ist in Haarlass.

Wolfsschlucht und Margarethenschlucht

Wildromantische Klettersteige

Zwingenberg und Neckargerach

5 Auf der Fahrt nach Heidelberg passierte ich schon oft die aus rotem Buntsandstein gemauerte Burg Zwingenberg, die eindrucksvoll über dem Neckar thront. Dass es dahinter eine Schlucht gibt, entdeckte ich erst bei der Recherche für dieses Buch. Die wollte ich mir unbedingt anschauen, zumal sie mit der Bahn gut erreichbar ist. Der kleine Ort Zwingenberg, etwa auf halber Strecke zwischen Heilbronn und Heidelberg gelegen, hat tatsächlich eine Bahnstation. Und von der Bahnstation aus ist es nur eine knappe Viertelstunde zu Fuß zur Burg, die durch ihre Burgfestspiele bekannt ist.

Bei meiner Vorrecherche fand ich heraus, dass 1866 in der Nähe der Wolfsschlucht tatsächlich der letzte Wolf des Odenwaldes erlegt wurde. Ob es genau diese Schlucht war, ist allerdings nicht ganz klar, denn es gibt auf der anderen Talseite ebenfalls eine Schlucht mit diesem Namen. Und ich fragte mich etwas bang, ob das Wildtier hier in dieser doch etwas abgelegenen Gegend wieder einwandern wird oder gar schon wieder da ist. Ich erfuhr, dass möglicherweise Carl Maria von Weber bei einem Besuch der Schlucht zu seiner Oper »Der Freischütz« inspiriert worden ist. Außer dieser nehmen noch andere wilde Naturobjekte für sich in Anspruch, den Komponisten zum Freischütz inspiriert zu haben; es sind dies die Wolfsschlucht in Baden-Baden, siehe Seite 47 f., und die Weberschlüchte im Elbsandsteingebirge. Jedenfalls wird bei

Burg Zwingenberg am Neckar

Wildromantische Wolfsschlucht hinter Burg Zwingenberg

den Zwingenberger Schlossfestspielen diese Oper aufgeführt. Und das passt auch, denn die Wolfsschlucht kann wirklich als Paradebeispiel für eine wildromantische Natur gelten. Das Schlossbächlein, das sich in seinem kurzen Lauf tief in den Buntsandstein eingegraben hat, gebärdet sich immer noch wild, reißt Felsbrocken und Baumstämme mit sich. Vor allem im Bereich der Burg tun sich Abgründe auf. Das Warnschild am Eingang zur Schlucht, dass man sich in der Wolfsschlucht auf alpinem Pfad bewege, ist da mehr als gerechtfertigt. Trittsicher und etwas wagemutig sollte man also schon sein, wenn man sich auf den Pfad begibt. Wer dies nicht ist, bekommt auch schon am Eingang zur Schlucht einen Eindruck von der Wildheit.

An kritischen Stellen sind Stahlseile als Haltehilfe angebracht. Der Weg führt bergan vorbei an großen Felsbrocken, immer mal wieder den Talgrund mit Trittsteinen oder umgefallenen Bäumen querend. Über Buntsandsteinbänke ergießen sich Mini-Wasserfälle. Moose und Flechten überziehen in den schattigen Partien Totholz und Felsen.

Im feuchten Lebensraum: Lebermoos

Frühlingsfrisch: Sauerklee

Milzkraut, Sauerklee, Wald-Veilchen und Wald-Hainsimse sprießen dazwischen. Überall sprudelt und gischtet es. Wassertröpfchen sind in der Luft. Eine ganz eigenartige kühle, feuchtigkeitsgeschwängerte Atmosphäre herrscht in der Schlucht. Sehr belebend, geradezu prickelnd. Eine Frischluftkur! Die hätte ich gerne noch in die Länge gezogen, doch ich stand bei der Wanderung etwas unter Zeitdruck, weil ich an dem Tag noch die einige Kilometer neckaraufwärts gelegene Margarethenschlucht erkunden wollte.

Die Wanderung dorthin führte mich am Bahnhof Zwingenberg vorbei nach Neckargerach und von dort etwa einen Kilometer neckaraufwärts auf gut ausgebautem Wanderweg bis zum Talausschnitt der Schlucht, die der Flursbach in den Fels gegraben hat. Für mich war es keine Frage, ich wollte nach oben. Doch der Pfad entpuppte sich als richtige Kletterpartie, bei der ich beide Hände zu Hilfe nehmen und mich an Seilen hochziehen musste. Sämtliche Bein- und Armmuskeln wurden bei dem Anstieg beansprucht. Ich hätte allerdings nicht auf dem sehr steilen hochgebirgsartigen Pfad absteigen wollen. In der nur 300 Meter langen Schlucht ist ein Höhenunterschied von 110 Metern zu überwinden! Das Wasser fällt in acht Stufen ab, mit der größten Wasserfallstufe von zehn Metern. So ist die Wasserfalltreppe in der Margarethenschlucht der höchste Wasserfall im Odenwald und einer der höchsten in den deutschen Mittelgebirgen. Die Schlucht ist als sogenanntes Hängetal ausgebildet und reicht nicht ganz bis hinab zum Neckar. B 37 und Eisenbahntrasse schneiden sie ohnehin vom

Blick in die Margarethenschlucht vom bequem begehbaren Wanderweg aus

Der Ausgang der Margarethenschlucht liegt hoch über dem Neckar

Fluss ab. Ein Tipp: Die Kletterpartie ist nicht unbedingt notwendig; einen guten Eindruck von der Margarethenschlucht bekommt auch, wer alles vom vorbeiführenden Wanderweg von unten aus betrachtet.

Die Margarethenschlucht ist kein Naturdenkmal; sie ist vielmehr bereits seit 1940 als Naturschutzgebiet ausgewiesen. Ich nehme sie trotzdem in diesen Naturdenkmalführer auf, weil sie mit einer Fläche von nur 5,1 Hektar eher den Charakter eines Naturdenkmals hat. Sie ist Teil des Naturparks Neckartal-Odenwald.

Informationen

Anfahrt: Zwingenberg und Neckargerach liegen direkt an der B 37, die durchs Neckartal führt. In beiden Orten gibt es eine S-Bahn-Haltestelle. Die Wanderung in der Zwingenberger Wolfsschlucht lässt sich gut mit der Erkundung der Margarethenschlucht bei Neckargerach verbinden.

Eberstadter Tropfsteinhöhle

Hochzeitstorte und Weiße Frau

Buchen-Eberstadt

6 Welch' eine Sensation war dies im Jahr 1971, als die Eberstadter Tropfsteinhöhle entdeckt wurde! Bei Sprengarbeiten im Muschelkalk-Steinbruch, in dessen Areal sich die Tropfsteinhöhle befindet, kam eine Öffnung zutage. Bei den ersten Begehungen war schnell klar, wie bedeutsam diese Entdeckung war.

Heute präsentiert sich die Tropfsteinhöhle als bestens ausgebaute Besucherhöhle, die nahezu eben und etwa 600 Meter in den Fels hineinreicht: mit unglaublich schönen, weißen Tropfsteingebilden, mit hängenden Stalaktiten, mit Bodentropfsteinen (Stalagmiten) und »zusammengewachsenen« Stalagnaten. Das Gebilde »Hochzeitstorte« mit übereinandergeschichteten Etagen gilt als einer der schönsten Tropfsteine weltweit. Das muss man wirklich gesehen haben! Bei

Wie im Steinbruch: Eingangsbereich der Eberstadter Tropfsteinhöhle

den Tropfsteinen handelt es sich um Sinterbildungen aus dem kalkhaltigen Muschelkalkgestein. Sie zeigen sich hier sehr formenreich mit Bodentropfsteinen wie beispielsweise dem »Vesuv«, mit Sinterfahnen und Sinterterrassen. Einige ähneln zum Trocknen aufgehängten Tabakblättern. Die Tropfsteine sind auch deswegen so schön, weil sie im Gegensatz zu anderen Tropfsteinhöhlen weiß sind. Das liegt daran, dass die Höhle nie mit Fackeln begangen, sondern von Anfang an mit elektrischem Licht beleuchtet worden ist. Im Lichtschein konnte sich an einigen Stellen die höhlentypische Lampenflora aus Algen, Moosen und Farnen entwickeln.

Großartige Sagengeschichten darf man bei dieser noch jung entdeckten Höhle nicht erwarten. Doch um ein Gebilde, die »Weiße Frau« genannt, rankt sich eine Geschichte, die der Höhlenführer erzählte: In Eberstadt hätte es einst eine sehr geizige Frau gegeben, die den Kindern nie etwas geben wollte, wie es sonst üblich war – keinen Apfel, keine Birne, nichts. Als dann die Höhle offengelegt war und die Leute aus dem Ort sich umschauten, identifizierten sie ein kleines menschenähnliches Tropfsteingebilde sofort als den Geist der geizigen Frau.

Der Höhleneingang befindet sich 341 Meter über dem Meeresspiegel, etwa 40 Meter unter der Erdoberfläche. Welche Muschelkalkschichten im Detail über der Höhle, die im Unteren Muschelkalk liegt, lagern, sieht man an der Felswand über dem Eingang. Dass die Höhle erhalten geblieben und nicht verschüttet worden ist, liegt daran, dass harte Schaumkalkbänke das Dach der Höhle bilden.

Parallel zur Schauhöhle verlaufen zwei weitere Höhlen: der über drei Kilometer lange »Hohle Stein« sowie die 220 Meter lange Kornäckerhöhle. Beide sind nur für Höhlenforscher zugänglich. Alle zusammen werden als »Eberstadter Höhlenwelten« bezeichnet.

Die Eberstadter Tropfsteinhöhle ist bestens erforscht und für Besucher erschlossen. Im Eingangsgebäude gibt es diverse Installationen, die anschaulich und zum Greifen die Geologie erklären. Im Freigelände wird die Aufklärung fortgesetzt. Hier ist auf Schautafeln der

Bildschöner Tropfstein: Hochzeitstorte

Rosmarin-Weidenröschen im Steinbruch

geologische Aufbau der Höhle und des gesamten südwestdeutschen Raumes dargestellt und nachzulesen, inklusive Gesteinsblöcken aus den jeweiligen Schichten. Ich als Botanikerin erlebte im Freigelände eine kleine Überraschung: Auf dem Geröll des Steinbruchs sah ich erstmals in natura das Rosmarin-Weidenröschen.

Informationen

Anfahrt: Die Tropfsteinhöhle ist eine der Attraktionen des UNESCO Geo-Naturparks Bergstraße-Odenwald und ist mit jährlich etwa 60.000 Besuchern eine der meistbesuchten Tropfsteinhöhlen Deutschlands. Eberstadt ist ein Teilort der Stadt Buchen im Neckar-Odenwald-Kreis und liegt naturräumlich im Bauland. Die Tropfsteinhöhle ist sogar mit öffentlichen Verkehrsmitteln erreichbar. Die Buslinie 844, die teils als reguläre Linie, teils als Ruftaxi betrieben wird, bedient die Haltestelle im freien Gelände (Abfahrtszeiten abklären!). Unmittelbar neben dem Tropfsteinhöhlen-Areal liegt ein großer Steinbruch, der noch in Betrieb ist und vom Geologischen Lehrpfad aus einsehbar ist. Ein Restaurant befindet sich ebenfalls auf dem Gelände.

Kreuzhohle und Galgenhohle

Schattige Wege durch den Löss

Bruchsal und Kraichtal

7 Die Hohlwege im Kraichgau standen schon lange auf meiner Liste der landschaftlichen und geologischen Besonderheiten, die ich mir anschauen wollte. Die Hohlwege am Kaiserstuhl kannte ich bereits. Hohlwege gibt es zwar auch in meiner Heimatregion, doch die im Kraichgau stellte ich mir viel tiefer eingeschnitten vor. Und so war es denn auch. Sie entpuppten sich als noch beeindruckender als erwartet und sind unbedingt eine Reise wert. Ja, nach meinen Hohlwegwanderungen im Raum Bruchsal war ich richtig hohlwegsüchtig und wollte am liebsten alle erkunden.

Der Blick auf die 1:50.000-Karte in Kombination mit möglichen Bahnverbindungen sagte mir, wie ich die Exkursion zeitökonomisch angehen kann. Eine Hilfe waren mir auch die Beschreibungen und

Hohlwege bieten an Sommertagen Schatten und Kühle

Kartenausschnitte der Naturdenkmale auf der Webseite der Stadt Bruchsal.

Von Heilbronn her kommend stieg ich an der S-Bahn-Haltestelle Bruchsal-Schlachthof aus. Ich orientierte mich rechts am Schlachthof, einem imposanten Jugendstil-Bauwerk, vorbei Richtung Löss-Steilwände. Im weiteren Verlauf des Wegs musste ich immer wieder die Karte »Bruchsal zu Fuß« zu Rate ziehen, weil es keine Ausschilderung zur Kreuzhohle gab. Doch die kleine Mühe der Vorab-Orientierung lohnte sich. Ich kam gleich zur Pfaffenlochhohle, die auf den Hügel führt. Von dort orientierte ich mich zum höchsten Punkt im Gelände, zum 218 Meter hohen Rotenberg. Unmittelbar dahinter erstreckt sich ein Naturschutzgebiet mit einer artenreichen Mähwiese, mit Obstbaumalleen und alten Obstbäumen. Grillengezirpe umfing mich beim Vorbeigehen. Von dort aus steuerte ich geradewegs die Kreuzhohle an. Parallel zum geteerten Fahrweg wanderte ich durch einen tief eingeschnittenen Hohlweg, gesäumt von Robinien in allen Altersstufen. Dann tat sich der bei grellem Sonnenschein dunkel

Naturdenkmal Kreuzhohle mit zwei sich kreuzenden Hohlwegen

erscheinende Eingang der Kreuzhohle auf. Wie eine dunkle Waldeshöhle lag er vor mir. Von da führt der schmale, schluchtartige Hohlweg mit geringer Steigung aufwärts zur Kreuzung mit einem zweiten Hohlweg. So erklärt sich der Name Kreuzhohle. Steile Böschungen ragen an den Seiten in die Höhe, teils fast senkrechte Lösswände, von denen das hellbraune Material abbröckelt. Ich nutzte die Gelegenheit, den Löss anzufassen: Er fühlt sich trocken und bröckelig an. Beim Verreiben wird er sandig. Er hat die Konsistenz und Farbe wie Luvos-Heilerde, bei der es sich schlicht um reinen Löss handelt.

An dem heißen Sommertag gaben die tief eingeschnittenen Hohlwege mit ihrem Baumbewuchs Schutz vor der herunterbrennenden Sonne. Das grelle Sonnenlicht sorgte für viele Hell-Dunkle-Effekte. Da konnte ich mir gut ausmalen, wie die Landleute in früheren Jahrhunderten hier mit ihren Karren entlang gezogen waren. Nach wenigen Metern Wegstrecke über freies Gelände, von wo sich ein Rundumblick auftat, ging es bereits in die nächste Hohle, die lang gestreckte Gemmrichhohle, die direkt und leicht abfallend nach Unteröwisheim führt. Nach etwa anderthalbstündiger Wanderung erreichte ich die Ortsmitte von Unteröwisheim.

Da ich noch viel Zeit bis zur Rückfahrt hatte, entschloss ich mich, noch einen weiteren Hohlweg anzusteuern, die Galgenhohle in Oberöwisheim. Um dorthin zu gelangen, orientierte ich mich Richtung Grillplatz, bog dann aber an einer Wegegabelung nach Osten hin ab. An Ackerflächen, Böschungen, Grünland vorbei mit dem Kirchturm von Oberöwisheim als Orientierungspunkt. Im Ort orientierte ich mich nach Norden Richtung Sternwarte und Galgenhohle. Die Straße führt dem Kleinen Kraichbach folgend vorbei an Gartengrundstücken und einem Naturschutzgebiet. In einer Straßenkehre fand ich den Eingang zur Galgenhohle. Die ist nicht speziell ausgeschildert, möglicherweise deshalb, weil sie kein eigenständiges Naturdenkmal ist, sondern sich in einem Naturschutzgebiet befindet. Und diese Hohle ist wirklich beeindruckend. Auf beiden Seiten erheben sich bis zu 13 Meter hohe Steilwände, von denen an vielen Stellen der

Steile Lösswand in der Galgenhohle

Ausgespülte Sohle der Galgenhohle

Löss abbröckelt, mit Vorsprüngen, Abrutschungen, Aushöhlungen. Vor allem Robinien stocken überall. Die Sohle der Hohle gehört mit dazu; an meinem Exkursionstag war sie voller ausgespülter Löcher vom heftigen Regenguss am Tag zuvor. Der Name Galgenhohle rührt daher, dass der Weg tatsächlich zum Galgen auf der Anhöhe dahinter führte. Noch bis ins 18. Jahrhundert soll dieser als Richtstätte genutzt worden sein.

Informationen

Anfahrt: Bruchsal liegt an der A 5 und der B 3. Die Hohlwege im Kraichgau lassen sich gut mit öffentlichen Verkehrsmitteln erkunden. Nahegelegene S-Bahnstationen gibt es in Bruchsal-Schlachthof (S9) auf der Strecke Bretten – Bruchsal sowie in Kraichtal-Unteröwisheim und Kraichtal-Oberöwisheim (S32) auf der Strecke Karlsruhe – Bruchsal – Menzingen.

Michaelsberg mit Kindlesbrunnen

Wo die Untergrombacher Kinder herkommen

Bruchsal-Untergrombach

8 Die Fahrt zum Michaelsberg nahm ich mir für einen Sommertag mit blauem Himmel vor. Ich wollte unbedingt auch die artenreichen Orchideenwiesen sehen und fotografieren, für die der Michaelsberg bei Botanikern – neben dem Kulturgeschichtlichen – bekannt ist. Diese Bereiche sind wegen ihrer immensen ökologischen Bedeutung als Naturschutzgebiete ausgewiesen. Meine Erwartungen wurden noch übertroffen. Welch' ein Artenreichtum, welch' eine Fülle! So viele Orchideen habe ich noch nirgendwo an einem Ort versammelt gesehen!

Der 269 Meter hohe Michaelsberg mit der weiß getünchten Michaelskapelle ist von der Rheinebene aus weithin sichtbar. Vom Bahnhof Untergrombach ging ich durch den Ort und stieß dann – von meinem Instinkt geleitet – auf einen Pfad, der durch Orchideenwiesen direkt auf die Kapelle zuführt. So nahe wie hier kommt man den Orchideen selten. Auf der Höhe angekommen tat sich ein weiter Blick auf die Schwarzwaldhöhen im Süden, nach Westen über die Rheinebene hinüber zu den Vogesen und zum Pfälzer Wald und nach Norden zum Odenwald auf. Welch' weites Land! Diese Gunst des Standorts erkannten bereits die Menschen in der Jungsteinzeit. Sie siedelten hier im späten 5. und 4. Jahrtausend v. Chr., und der Standort gab der gesamten Siedlungsepoche in Mitteleuropa den Namen »Michelsberger Kultur«. (Anders als die topographische Bezeichnung wird die Kulturepoche ohne »a« geschrieben.) Es gibt reiche Ausgrabungsfunde. Von einem für die Epoche typischen Tulpenbecher ist eine Nachbildung neben der Michaelskapelle aufgestellt.

1346 wurde erstmals eine Kapelle urkundlich erwähnt. Die jetzige Kapelle wurde 1742 bis 1744 unter dem Speyrer Fürstbischof Damian

St. Michael als Schutzheiliger

Die weiße Michaelskapelle strahlt weit ins Rheintal hinaus

Hugo von Schönborn erbaut, der auch Bauherr des Bruchsaler Schlosses war.

Neugierig war ich auf den Kindlesbrunnen, etwas abseits (nordöstlich) der Michaelskirche gelegen. Noch im 18. Jahrhundert soll der Brunnen eine jährliche Schüttung von Hunderttausenden von Litern gehabt haben. Und er war noch 1840 auf einer topographischen Karte des Großherzogtums als einzige Quelle auf Untergrombacher Gemarkung eingezeichnet. Zum Bau der Michaelskapelle holte man große Mengen Wasser aus der Quelle. Der Brunnen wurde noch bis in die 1930er-Jahre genutzt. Der heutzutage mit einem Schacht ummauerte Brunnen scheint fast versiegt zu sein, zumindest bei meinem Besuch. Aber warum heißt er Kindlesbrunnen? Die Sage vom Kindlesbrunnen wird vom Untergrombacher Dorflehrer Ludwig Baumann kolportiert. Der schrieb im Jahr 1895 mit ironischem Unterton: *»Die kleinen Kinder kommen teils aus dem ›Kindlesbrunnen‹, teils bringt sie der Storch u[nd] zwar Mädchen von ersterem, Buben von letzterem.«* (»Der Michaelsberg«, siehe Seite 189)

Naturdenkmal Kindlesbrunnen

Tulpenbecher vor Rheinebene

Solche sogenannten Kindlesbrunnen gibt es an vielen anderen Orten. Quellen und damit dem Wasser wurde in voraufgeklärten Zeiten die Vorstellung von Fruchtbarkeit zugeordnet. In der Liste der Naturdenkmale heißt es nur schlicht »Quelle mit Brunnenhaus bei Michaelskapelle«. Die Untergrombacher sagen auch »Brünnle« dazu. Er wurde 1987 wegen seiner kulturellen Bedeutung und als Tierbiotop unter Schutz gestellt.

Ebenfalls als Naturdenkmal ausgewiesen ist die »Linde bei der Michaelskapelle« – wegen ihres Alters und weil sie das Landschaftsbild bereichert.

Informationen

Anfahrt: Bruchsal-Untergrombach liegt an der Bahnstrecke Karlsruhe – Bruchsal – Heidelberg. Haltestelle von Bahn und S-Bahn S 32. Vom Bahnhof aus ist der Weg zur Michaelskapelle ausgeschildert. Bei Anfahrt mit dem PKW der Ausschilderung zum Michaelsberg folgen. Hinter der Kapelle gibt es einen großen Parkplatz. Wer auf den Michaelsberg wandert sollte unbedingt auch im Gasthof einkehren. Vom Biergarten aus überblickt man weite Teile des Rheintals.

Engelskanzel, Teufelskanzel und Wolfsschlucht

Wo der Teufel wirbt

Baden-Baden

9 In Baden-Baden war ich aus verschiedenen Anlässen schon oft, doch noch nie auf der Burg Hohenbaden und noch nie an dem sich anschließenden Felsmassiv, dem Battert. Die Recherche für diesen Naturführer sollte das ändern. Ich machte mich also von Baden-Baden aus zu Fuß auf den Weg, von der Haltestelle Hindenburgplatz bergauf. Eine anstrengende Bergbesteigung hinauf zur Burgruine, annähernd dem Alten Schlossweg folgend, durch einen Wald aus Rot-Buchen, Berg-Ahorn, mit viel Stechpalme (*Ilex*) als Unterwuchs. Vom Fuß der Burgruine aus wendete ich mich nach rechts, um von da aus unterhalb des Felsmassives Battert Richtung Wolfsschlucht zu gehen. Auf gut ausgebautem Wanderweg passierte ich die Blockhalden

Das Felsmassiv Battert erstreckt sich hinter der Burg Hohenbaden

Die vielbesuchte Teufelskanzel oberhalb von Baden-Baden

des Battert und schaute zu den eindrucksvollen, steilen Felsgebilden hinauf. Sie sollen ein Paradies für Kletterer sein. Ich hatte mir vorgenommen, an der Engelskanzel vorbei zur Wolfsschlucht zu wandern und auch die Teufelskanzel auf der anderen Seite des Taleinschnittes anzuschauen.

Als Naturdenkmale sind die Felsenkanzeln eher unscheinbar. Umso eindrücklicher ist die dazugehörige Sage: In der Zeit, als die christlichen Missionare in den Schwarzwald kamen, um das Evangelium zu verkünden, ist der Teufel aus den heißen Quellen von Baden-Baden zur Oberwelt empor gekommen. Um Anhänger zurückzugewinnen, stieg er auf einen mächtigen Felsen, eben auf die Teufelskanzel, und schilderte verlockend Glanz und Herrlichkeit seines Reiches und betörte mit seiner Rede viele Menschen. – Bis auf einem gegenüberliegenden Felsen, eben der Engelskanzel, ein Engel des Himmels in strahlendem Gewand erschien. Dieser drang, der

Wolfsschlucht im Hinterland von Baden-Baden

Sage zufolge, mit seiner Rede von den unvergänglichen Seligkeiten des himmlischen Reiches tief in die Seelen der betörten Zuhörer des Teufels ein, woraufhin diese sich dem Engel zuwandten. Als sich alle vom Teufel abwandten fuhr dieser in ohnmächtiger Wut in die Tiefe, woher er zuvor gekommen war.

Nur eine kurze Wegstrecke weiter hinter dem Hotel Wolfsschlucht fand ich den Einstieg zur Wolfsschlucht. In diesem flächenhaften Naturdenkmal und Geotop kommen Gesteinsformationen aus Oberem Rotliegenden, Arkosen und Porphyrkonglomeraten zutage, wie auch schon bei Engel- und Teufelskanzel. Nachdem ich zuvor schon die Wolfsschlucht in Zwingenberg erkundet hatte, musste ich in der bestens erschlossenen und begehbar gemachten Baden-Badener Wolfsschlucht feststellen, kaum noch etwas Wildes entdecken zu können. Dass Carl Maria von Weber hier zu seiner 1821 uraufgeführten Oper »Der Freischütz« hätte inspiriert werden können, wie behauptet wird, konnte ich mir aus heutiger Perspektive nicht vorstellen. Es ist auch nicht belegt. Belegt ist allerdings, dass Carl Maria von Weber 1810 in Baden-Baden gewesen ist und womöglich die Schlucht gesehen hat. Als Inspirationsquelle halte ich die Zwingenberger Wolfsschlucht mit ihrem wildromantischen Charakter für wahrscheinlicher ... Vermutlich haben alle möglichen Eindrücke beim Komponisten zusammengewirkt, was im Nachhinein niemand mehr entschlüsseln kann.

Praktischerweise liegt direkt vor dem Hotel Wolfsschlucht die Bushaltestelle, von der aus man zurück nach Baden-Baden oder ins Murgtal hinunter nach Gernsbach fahren kann. Ich wählte die dritte Variante, das Weiterwandern, ging an der Talstation der Merkurbahn vorbei und über Lichtental nach Geroldsau, wo ich übernachten wollte, um am nächsten Tag früh die Geroldsauer Wasserfälle aufzusuchen.

Informationen

Anfahrt: Baden-Baden liegt am Übergang des Rheintals zum Schwarzwald. Bahnreisende müssen in Baden-Baden-Oos aussteigen und mit dem Bus in die Innenstadt weiterfahren.

Zur Wolfsschlucht, zur Teufelskanzel und zum Battert gelangt man bequem mit dem Bus der Linie 244 Richtung Gernsbach und steigt an der Haltestelle Wolfsschlucht aus. Wer mit dem PKW anreist, orientiert sich in Baden-Baden Richtung Ebersteinburg. Von Parkplätzen am Rande des Orts sind Kanzelfelsen, Battert und Wolfsschlucht gut zugänglich.

Geroldsauer Wasserfälle und Bernickelfelsen

Im Frühtau zu Berge

Baden-Baden

10 Nach einer angenehm verbrachten Nacht in einem ruhigen Seitental von Baden-Baden machte ich mich in der Morgenfrühe zu den Geroldsauer Wasserfällen auf. Zu dieser frühen Stunde war ich noch alleine unterwegs, umfangen von taufeuchter Atmosphäre. Der gut ausgebaute Weg führte entlang von Felsblöcken, bemoosten Steinen und umgestürzten Bäumen. Je näher ich dem Wasserfall kam, desto wilder wurde das Tal. Wozu allerdings die Rhododendronbüsche, die nicht zur heimischen Flora gehören, nicht so recht passten. Die Baden-Badener Gartenbauverwaltung hat die Rhododendren vor langer Zeit zur Verschönerung pflanzen lassen. Bei meinem Besuch waren die Büsche noch knospig, noch nicht erblüht. Keine wilde Natur um den Wasserfall herum, sondern parkmäßig gestaltete Natur mit ostasiatischem Touch. Puristische Naturschützer hätten daran etwas auszusetzen, doch zugegeben, ästhetisch reizvoller ist die Szenerie mit rosa und blauvioletten Rhododendronblüten allemal. Beim Weitergehen auf dem Steig, der oberhalb des Wasserfalls vorbeiführt, sprühten mir Wassertröpfchen ins Gesicht.

Mein Bewegungsdrang trieb mich weiter nach oben, in Richtung Bernickelfelsen, auch Kreuzfelsen genannt, da ein Kreuz auf ihm steht. Zunächst ging es noch weiter durch das idyllische Tal, doch dann auf steilem Serpentinenpfad nach oben auf dieses kleine Felsmassiv, das über die Baumwipfel ragt. Tiefes Durchatmen und Staunen beim Erklimmen der Felsen. Ein weiter Blick tat sich da auf: zum Battert, meinem Wandergebiet am vorherigen Tag, nach Lichtental hinunter und zur sagenumwobenen Yburg.

Von der Yburg wird erzählt, dass sich dort Geister umtreiben und ihre Zeit oft mit dem Kegelspiel verbringen. Und wer sich nachts in den Wald bei der Burg begebe, bekomme sie unter gewissen Umstän-

Rhododendronsträucher rahmen die Geroldsauer Wasserfälle ein

den zu sehen. So begegnete auch ein Mann aus Umweg, der in einer Mondnacht zum Holzholen in den Wald gegangen war, der Geisterschar. Er sah auf dem Hof des verfallenen Bergschlosses eine Menge Leute in den verschiedensten Trachten, die mit Kegeln spielten und in einer ihm unverständlichen Sprache redeten. Sie winkten ihm und baten ihn, die Kegel aufzusetzen. Das tat er, und das Spiel ging weiter. Aber als die Frühglocken läuteten, verschwanden die Leute und ebenso die Kugeln und Kegel. Nur der Kegel, den der Mann in dem Moment in der Hand hielt, um ihn aufzusetzen, blieb. Er legte ihn in seinen Korb und ging nach Hause. Als er ihn dort griff, war er sehr verwundert, dass er sich in pures Gold verwandelt hatte.

Übrigens träumte man auf der Yburg einst tatsächlich von der

Auf dem Weg zum Wasserfall durch feuchte Atmosphäre

Umwandlung der Materie. Der Baden-Badener Markgraf Eduard Fortunat ließ nämlich im Jahr 1594 auf der Yburg eine Alchemistenküche einrichten, mit der Absicht, Gold zu gewinnen.

Die Geroldsauer Wasserfälle und Bernickelfelsen wurden bereits 1971 jeweils als flächenhafte Naturdenkmale ausgewiesen.

Informationen

Anfahrt: Geroldsau ist ein Stadtteil von Baden-Baden und an der B 500, der Schwarzwaldhochstraße gelegen. Der Ort ist mit dem Bus der Linie 204 Richtung Malschbach gut erreichbar, bester Ausstieg an der Haltestelle Malschbacher Straße am Ortsende.

Bernstein und Mauzenstein

Kugelphänomene im Buntsandstein

Gaggenau, Bad Herrenalb

11 Bei der Reiseplanung für diese Tour war ich mir nicht schlüssig, wie ich die Wanderung zu den beiden Felsen-Naturdenkmalen angehen sollte: über Gaggenau oder über Bad Herrenalb. Ich entschied mich dafür, bereits in Frauenalb aus der S-Bahn auszusteigen, weil die Busanreise zum nächstgelegenen Ort Bernbach recht lange gedauert hätte. Meine Entscheidung war genau richtig; denn so kam ich noch dazu, Frauenalb mit der eindrucksvollen Klosterruine und weiteren Bauwerken aus Buntsandstein anzuschauen. Von da ging es im Wald steil hinauf nach Bernbach, einem Ortsteil von Bad Herrenalb. Ich passierte einen historischen Grenzstein, der einst die Grenze zwischen den Herzogtümern Württemberg und Baden markierte. Im weiteren Verlauf der Wanderung stieß ich immer wieder auf diesen historischen Grenzweg, der speziell ausgeschildert ist.

Von Bernbach führt der Weg durch den Wald weiter steil nach oben. Am Fuß des Aufstiegs befindet sich ein Brunnen, an dem ich dürstend meine Trinkflasche mit kaltem Quellwasser füllen konnte. Ein kurzer, steiler Aufstieg und schon war ich nach einem kurzen Abzweig am ersten Ziel des Tages, am Mauzenstein. Dabei handelt es sich um einen kissenartig da liegenden Steinblock. Mitten im Gebüsch steht man plötzlich vor ihm. Die Besonderheit sind runde Formen auf der Oberfläche.

Mauzenstein

Die gaben einst zu Spekulationen und Sagengeschichten Anlass. Ob da Menschen am Werk gewesen waren? Ob die Formen etwas mit den Gestirnen zu tun haben? Heute ist klar, dass es sich um kugelige Mineral-Aggregate handelt, aus nachvollziehbaren Gesteinsbildungsprozessen entstanden. Solche Kugelphänomene sind im Hauptbuntsandstein, der hier ansteht, weit verbreitet. Sie zeigen sich auch am Bernsteinfelsen.

Vom Mauzenstein, der auf Gemarkung Bad Herrenalb liegt, geht es eben auf dem Historischen Grenzweg weiter zum Bernstein. Und der ist schon beeindruckend. Es handelt sich um einen sechs Meter hohen Felsblock auf der Kuppe, zerklüftet mit vielen Spuren auf der Oberfläche. Auch hier finden sich die in den Stein gezeichneten runden Formen wie beim Mauzenstein. Eine in den Stein gehauene Treppe führt auf ein Aussichtsplateau, auf dem ein Gipfelkreuz errichtet ist. Von dem fast 700 Meter hoch gelegenen Ort überschaut man das gesamte untere Murgtal – bei klarem Wetter bis ins Rheintal und in den dahinter liegenden Pfälzer Wald. Dass der Bernstein ein beliebtes Ausflugsziel ist, zeigt sich an den – bescheidenen – Freizeiteinrichtungen, an Sitzbänken und Schutzhütte. Eine meiner Bekannten, die aus Gaggenau stammt, verbindet mit dem Bernstein, der als Hausberg von Gaggenau gilt, viele Kindheitserinnerungen.

Der Bernstein ist seit 2007 wegen seiner geologisch-tektonischen und seiner naturkundlichen Bedeutung als flächenhaftes Naturdenkmal ausgewiesen.

Auf schmalem Pfad ging es zwischen Heidelbeersträuchern und Farnen hindurch schließlich wieder abwärts. Weiter unten dann auch auf geschotterten Wirtschaftswegen, was weniger angenehm zu gehen war. Schließlich gelangte ich nach Sulzbach. Dort hatte ich die Wahl, entweder nach Gaggenau oder nach Offenau zur S-Bahn-Station zu gehen. Ich entschied mich für das kleinere Offenau, das schon etwas weiter die Murg aufwärts liegt und näher zu meinem Zielort des Tages, zu Forbach. So hatte ich eine sehr erfüllte Tagestour mit viel Landschaft, viel Gestein, viel Botanik und interessanten Wegen.

Blick vom Bernstein zum Rheintal

Felsblock mit Aussichtskanzel

Zwischendurch dachte ich häufig an das Achtsamkeitscredo »Der Weg ist das Ziel«. So empfand ich es sehr deutlich. Auch ohne die Buntsandstein-Naturdenkmale Mauzenstein und Bernstein wäre die Wandertour des Tages eine alle Sinne ansprechende Wanderung gewesen.

Informationen

Anfahrt: Entweder vom Albtal aus über Frauenalb oder Bad Herrenalb-Bernbach mit der S1 von Karlsruhe (Bad Herrenalb ist Endstation der Linie) und weiter mit dem Bus nach Bernbach. Oder von Gaggenau im Murgtal aus, erreichbar mit der S81 (Karlsruhe – Freudenstadt). Vom Albtal aus ist der Anstieg steiler, aber auch idyllischer und ruhiger als vom Murgtal aus. Da umfangen Wanderer fast nur Naturgeräusche. Vom Murgtal aus ist der Anstieg länger und immer verbunden mit dem Hintergrundgeräusch aus dem verkehrsreichen Tal.

Giersteine

Rätselhafte Spuren im Stein

Forbach-Bermersbach

⓬ Allein der Name macht schon neugierig. Was sich dahinter verbirgt, wie der Name etymologisch zu deuten ist, fragte ich mich bei meiner Vorrecherche und schnell war klar, dass das Gierstein-Naturdenkmal auf jeden Fall auf meine Liste der »50 sagenhaften Naturdenkmale« kommen muss.

Der Karte entnahm ich, dass dieses spezielle Naturdenkmal nicht weit entfernt von Forbach im Murgtal liegt. Forbach (Baden) ist mit der S81 von Karlsruhe Richtung Freudenstadt gut erreichbar. Der Nordschwarzwald mutet auf der Strecke schon sehr gebirgig an. Bei der S-Bahn-Fahrt kommt man den Felsen recht nahe. Fast jeder Ort im mittleren und hinteren Murgtal hat mit Felsengebilden aufzuwarten. Doch die Giersteine sind etwas Besonderes, schon allein

Sagenumwobenes Naturdenkmal hoch über dem Murgtal: die Giersteine

Die eigenartigen Kuhlen im Granit gaben Anlass zu Sagengeschichten

durch ihre freie Lage auf einem kleinen Hochplateau. Ich wollte diesen besonderen Ort auf mich einwirken lassen, und das geht nur, wenn man sich ein paar Stunden lang dort aufhält, nicht nur so im Vorübergehen wahrnimmt. Die Gelegenheit bot sich schon am Abend meiner Ankunft in Forbach. Bei einem Abendspaziergang sah ich auf dem Wegzeiger, dass es von Forbach bis zu den Giersteinen nur 1,7 Kilometer weit ist. Da fasste ich spontan den Entschluss, gleich dorthin zu spazieren.

Ein steiler Weg führt von Forbach aus nach oben – vorbei an Streuobstwiesen und Gartengrundstücken, durch Hohlwege und kleine Wäldchen. Das Ziel meiner Wanderung, die Giersteine, sah ich jedoch vor lauter Hütten, Schildern, Turnobjekten, Kleingärten und Dahlienstöcken zunächst nicht; erst beim Annähern zeigten sie sich, aber ihrerseits umstellt von Musikinstrumenten, Mikrofonen und Lampen. – Eine Musikgruppe wollte an diesem Mittsommerabend hier ein Konzert mit Lesung geben, um eine Gruppe von Vollmondwanderern zu erfreuen. So kam ich unverhofft dazu, einen Sommerabend

Die Giersteine am Mittsommerabend

mit Musik und Rezitation zu genießen, in duftendem Heu liegend, mit Blick auf die noch von der Sonne beschienenen Schwarzwaldhänge, mit den Giersteinen im Rücken. Die Vorstellung davon, dass hier einmal ein Kultplatz gewesen sein könnte, kam mir da sehr realistisch vor. Dann ging die Sonne unter, die Hänge verdunkelten sich. Und schließlich stieg der Vollmond glutrot hinter einer gegenüberliegenden Bergkette auf. Wunderschön! Ehrfurchtgebietend!

Am folgenden Morgen machte ich den Aufstieg noch einmal, da ich am Vorabend die Giersteine mit den Aufbauten der Musiker und den Dekorationsobjekten nicht richtig hatte fotografieren können. Die vielen Aufbauten der erst 2012 errichteten und aus dem Leader-Programm finanzierten Freizeitanlage um die Steine herum störten mich jetzt noch mehr. Ein Naturdenkmal pur wäre mir lieber gewesen.

Um die Giersteine ranken sich viele Sagen. Allein die Tatsache, dass diese Steine auf dem Berg (und nicht im Tal) liegen, wohin sie der Schwerkraft folgend ja hätten rollen müssen, gab Anlass für

Sagengeschichten. Als Opferstätte und keltischer Kultplatz werden die Giersteine gehandelt. Auch der Teufel soll mit im Spiel gewesen sein. Die auffälligen senkrechten Riffelungen sollen von dem Blut herrühren, das bei den Menschenopfern am Stein herabgeflossen war. Doch keineswegs teuflische Kräfte waren hier bildend im Spiel, sondern nur Kräfte der Natur. Die Spalten, Riffelungen und kuhlenartigen Vertiefungen auf den Oberflächen sind schlicht Ausprägungen der natürlichen Verwitterung des Granits. Und der Name selbst, wie ist der zu deuten? Mit »Gier« jedenfalls hat er nichts zu tun. Bei der ältesten Nennung hießen sie noch Irrsteine. Wie dem auch sei, dass die Giersteine etwas Besonderes sind, wird auch daran deutlich, dass sie bereits 1939 als Naturdenkmal ausgewiesen wurden.

Informationen

Anfahrt: Mit der S81 von Karlsruhe oder Freudenstadt nach Forbach und weiter mit dem Bus bis Bermersbach. Oder vom Bahnhof Forbach gut zwei Kilometer zu Fuß auf gut markiertem, serpentinenartigem Weg auf die Höhe.

Forbach selbst hat touristisch einiges zu bieten: Sehenswert ist die Archenbrücke über die Murg, ein beliebtes Postkartenmotiv, die Wiesentäler mit Spuren alter Landbewirtschaftung und Felsen, Felsen, Felsen … Einen Aufstieg wert sind die Kuckucksfelsen, südlich des Orts gelegen. Auf dem von viel Adlerfarn gesäumten Weg dorthin ergeben sich herrliche Perspektiven auf Forbach mit dem höher gelegenen Ortsteil Bermersbach und dem Giersteine-Plateau.

Ellbachsee

Spuren der Eiszeit: Karsee mit Schwingrasen

Baiersbronn

⑬ Der Ellbachsee war einer der Höhepunkte meiner Exkursionen, schon etwas touristisch geprägt, denn der Schwarzwald ist verglichen mit anderen von mir erkundeten Regionen, touristisch gut erschlossen. Bereits beim Kartenstudium fielen mir dieser See und ein paar weitere in der Nähe liegende als kleine blaue Flecken auf grünem Grund auf, mit dicht beieinander liegenden Höhenlinien die Geländeeintiefung kennzeichnend. Die Darstellung auf der Karte legte die Entstehungsgeschichte der Seen als Relikte der Eiszeit eigentlich

Der Ellbachsee ist auch beim Wassergeflügel beliebt

schon nahe. Karseen sind Überbleibsel von Gletscherzungen. Tief eingeschnittene Täler, die von der Hochfläche, dem schütter bewachsenen Grinden-Schwarzwald, nach Norden zum Murgtal hin geöffnet sind.

Da ich mir ohnehin vorgenommen hatte, das Murgtal von der Quelle bis zur Mündung in den Rhein zu erkunden, fuhr ich von Freudenstadt aus weiter bis zur Haltestelle Kniebis-Alexanderschanze, in deren Nähe die Murg entspringt, um von dort aus über den Ellbachsee abwärts ins Murgtal zu wandern. Über die 990 Meter über dem Meeresspiegel gelegene Passhöhe der Alexanderschanze lief eine wichtige Verbindungsstraße nach Straßburg. Benannt wurde sie 1734 nach dem württembergischen Herzog Karl Alexander, der die Schanzenanlage modernisieren ließ. Von dieser sind noch Reste vorhanden und als Bodendenkmal gesichert. Die Schwarzwaldhochstraße B 500 von Freudenstadt nach Baden-Baden stößt unmittelbar neben der Passhöhe auf die B 28. Von der Alexanderschanze aus kann man

Blick auf den Ellbachsee von der Aussichtsplattform Ellbachseeblick

das Naturschutzgebiet Kniebis-Alexanderschanze mit der eigenartigen Grindenflora mit Heidekraut, Moosbeeren, Birken, Weiden und Ebereschen erkunden.

Bei meiner Wanderung von der Alexanderschanze durch den Wald Richtung Ellbachsee begleiteten mich Heidekraut, Wald-Heidelbeeren, Pfeifengras, Hasenlattich, Adlerfarn, Ebereschen und Birken – und natürlich die für den Schwarzwald so typischen Tannen und Fichten. Das war ein angenehmes Gehen, die Nase umweht von den ätherischen Düften der Nadelgehölze. Ein Sinneseindruck, für den der Schwarzwald so berühmt ist.

Ich näherte mich dem Ellbachsee zunächst von oben, wollte wissen wie der in Tourismusbroschüren gepriesene »Ellbachseeblick« sich in natura präsentiert. Von einer hölzernen Plattform in 922 Meter Höhe aus kann man nämlich von oben auf den tief in der Senke liegenden See mit seinem charakteristischen Muster aus Schwingrasen blicken. Sonst habe ich an einer touristischen Übererschließung

Von der Aussichtskanzel Ellbachseeblick ergeben sich herrliche Ausblicke

immer etwas auszusetzen (siehe Giersteine), doch an dieser Stelle fand ich es passend, eine solche Aussichtskanzel in die Landschaft zu setzen, die man von unten, vom Karsee aus, übrigens nur mit Anstrengung erkennt. Von der Plattform aus schweift der Blick über den Karsee zum Murgtal mit Baiersbronn-Mitteltal und zu den Schwarzwaldhöhen mit der Hornisgrinde im Norden. An meinem Wandertag Anfang August drängten sich die Besucher – kein Wunder, denn der Aussichtspunkt ist von Kniebis aus auf kurzem, ebenem Fußweg gut zu erreichen, auch mit Straßenschuhen. Am Aussichtspunkt führen auch etliche Fahrradrouten vorbei.

Der Ellbachsee ist nicht einfach nur blau, kein blaues Auge, sondern überzogen von einem grünen Muster durch Vegetation. Wie eine dreifingrige Hand sieht die Wasserfläche aus, was eben nur von oben gut erkennbar ist. Dieses eigenartige Naturgebilde, das bereits 1937 unter Schutz gestellt wurde, wollte ich mir noch von Nahem anschauen. Deshalb stieg ich über einen steilen Pfad etwa 150 Höhenmeter rasch hinab zum See (und anschließend fast ebenso rasch wieder hinauf) und betrachtete das grüne Muster, bei dem es sich um Schwimmrasen handelt. Nach dem starken Regen am Tag zuvor war der Pfad, der um den See herumführt, wassergetränkt und selbst wie ein Schwimmrasen, auf dem ich ein Stück weit wie auf Federn ging. Enten zogen über die Wasserfläche, Libellen tanzten in der Luft über dem Schwimmenden Laichkraut …

Informationen

Anfahrt: Der Ellbachsee befindet sich auf dem Gebiet der Gemeinde Baiersbronn im Landkreis Freudenstadt. Erreichbar ist er nur zu Fuß oder mit dem Fahrrad. Am schnellsten gelangt man von Freudenstadt-Kniebis zur Aussichtsplattform Ellbachseeblick und zum Ellbachsee selbst. Parkplätze und Busstationen der Linie 12, die von Freudenstadt aus Richtung Mummelsee (und ein paar Mal am Tag sogar bis Baden-Baden) verkehrt, liegen nicht weit entfernt. Von Baiersbronn-Mitteltal aus ist der Anmarsch etwas weiter.

Sankenbach-Wasserfälle

Breiter Schwall

Baiersbronn

14 Wegen der räumlichen Nähe bietet es sich an, die Ellbachseewanderung mit der zu den Sankenbach-Wasserfällen zu kombinieren, so wie ich es tat. Um dorthin zu gelangen, musste ich aber zunächst vom See wieder hinauf zum Ausgangspunkt auf der Schwarzwaldhöhe und dann auf Zickzackpfaden weiter zum Einstieg zu den Wasserfällen, vorbei an lilafarbenem Heidekraut, gelb blühendem Hain-Greiskraut und blau blühendem Hasenlattich. Die Sankenbach-Wasserfälle sind auf Schildern am oberen und unteren Einstieg als flächenhaftes Naturdenkmal ausgewiesen. Das 4,8 Quadratkilometer große Gebiet wurde bereits 1937 unter Schutz gestellt und ist schon lange eine Touristenattraktion. Sogar auf Russisch wird darauf hingewiesen, dass Besucher auf dem alpinen Steig vorsichtig sein sollen.

Hain-Greiskraut

Über Stock und Stein muss man schon gehen, doch der Weg mit etlichen Holzstegen ist gut gesichert und für trittsichere Wanderer leicht zu begehen. Nach einer kurzen Wegstrecke bildet ein kleiner Wasserfall den Auftakt – eine malerische Szenerie mit glitzerndem Wasser und von Nässe triefenden Farnen vor einer farbigen Buntsandsteinwand. Davor ein Aufstaubecken. Mittels eines am vorbeiführenden Steg angebrachten Schiebers lässt sich der Wasserabfluss regulieren. Unterhalb des Stegs fließt das Wasser zunächst über eine flache Felspartie weiter auf eine Felskante zu und fällt über diese Stufe 40 Meter senkrecht in die Tiefe. Um genau zu sein, handelt es sich um den Eck'schen Horizont im Unteren Buntsandstein. Stellenweise ist der zu Tage tretende Stein wie rot und beige geschichtet. Bei meinem Besuch ergoss sich leider wenig Wasser über die imposante Felswand. Das Einzugsgebiet des Sankenbachs ist klein; nur drei Liter

Sankenbach-Wasserfälle mit über 40 Meter hoher Felswand

fließen im Mittel in der Sekunde. Ein kräftiger Wasserschwall ergießt sich nur, wenn jemand den Schieber am Steg vor dem Auffangbecken öffnet. Bei meiner Wanderung war jedoch niemand zugegen, der dies hätte tun können. Schade! Die Szenerie ist trotzdem großartig. Ich rastete eine Weile in einer kleinen Schutzhütte und ließ die kühle und feuchte Wasserfallatmosphäre auf mich einwirken. Von der unteren Stufe aus fließt das Wasser gebirgsbachmäßig weiter in die Tiefe und speist den Sankenbachsee.

Der Sankenbachsee ist wie der Ellbachsee ebenfalls ein Karsee, den man jedoch in den 1980er-Jahren durch den Einbau eines niedrigen Wehres etwas angestaut und so vor dem Verlanden geschützt hat. So ist der nur bis fünf Meter tiefe See zum Badesee geworden. Eine wasserbauliche Entscheidung, die ich am Ende meiner Wanderung sehr begrüßte, denn so konnte ich unverhofft zum Abkühlen ins Wasser steigen und hatte hier ein sinnliches Badevergnügen, in Ufernähe in dem von der Sonne aufgewärmten Oberflächenwasser, das sich beim Hinausschwimmen mit dem kühleren Wasser aus der Tiefe vermischte. Der Sankenbach plätschert vom See aus mit geringem Gefälle weiter durch Wiesengrund Richtung Baiersbronn, wo er nach der Einmündung in den von Freudenstadt herkommenden Forbach die Murg speist.

Informationen

Anfahrt: Die Sankenbachwasserfälle befinden sich in der Gemeinde Baiersbronn im Landkreis Freudenstadt. Sie sind nur zu Fuß oder mit dem Fahrrad von Baiersbronn oder von Kniebis aus erreichbar.

Baiersbronn ist mit der S8 oder S81 von Karlsruhe und von Freudenstadt aus gut erreichbar.

Bruderhöhle

Eremitenklause über dem Nagoldtal

Calw-Hirsau

⑮ Hirsau mit seinen beiden Klosteranlagen ist einer der bedeutendsten Kulturorte Baden-Württembergs, fast vergleichbar mit Heidelberg, nur deutlich beschaulicher. Wenn vom Kloster Hirsau die Rede ist, ist meistens die Klosteranlage St. Peter und Paul gemeint. Es gibt jedoch noch eine ältere Klosteranlage, das Aureliuskloster, das bereits im 8. und 9. Jahrhundert gegründet worden ist, und von dem Teile erhalten sind. Das im 11. Jahrhundert gegründete St. Peter-und-Paul-Kloster war zu der Zeit das größte Kloster und der größte romanische Kirchenbau auf deutschem Gebiet, mit einer dreischiffigen, fast 100 Meter langen Basilika mit zwei Westtürmen, die um 1120 fertiggestellt wurden. Der beeindruckende Eulenturm aus dieser

Klosteranlage St. Peter und Paul in Calw-Hirsau mit Eulenturm (rechts hinten)

Gründungsphase existiert noch. Im Laufe der wechselvollen Geschichte errichteten die württembergischen Herzöge von 1586 bis 1592 ein dreiflügeliges Schloss. Fast alle Gebäude wurden 1692 im pfälzischen Erbfolgekrieg zerstört. Von den allermeisten Bauwerken existieren nur noch Grundmauern oder Mauerreste. Doch noch immer vermittelt die bestens denkmalpflegerisch betreute Anlage beim Begehen einen Eindruck von ihrer einstigen Größe.

Eine mächtige Rotbuche auf dem Gelände vor dem Schloss ist als Naturdenkmal ausgewiesen. Die drei Ulmen im Innenhof des Renaissanceschlosses, von Ludwig Uhland in einem berühmten Lied besungen, existieren nicht mehr.

Viele Sagen und Geschichten ranken sich um die Klostergründung und um das Kloster. Eine realitätsnahe ist die von einem Bruder Mönch, der als Eremit in nahe liegenden Felsen lebte, nämlich in der Bruderhöhle.

Diese als Einzel-Naturdenkmal und als Geotop ausgewiesene Höhle war das Ziel meiner Wanderung. Vom Bahnhof Hirsau aus orientierte ich mich auf die andere Talseite Richtung Bad Wildbad.

Die Bruderhöhle unweit von Hirsau kann man sich als Wohnhöhle vorstellen

Hinter dem Klosterareal am Ortsende zweigt nach rechts (nach Norden Richtung Ernstmühl) eine Straße ab, die Brudersteige. Sie weist schon in die Richtung und geht bald in einen Pfad über, der allmählich schräg zur Höhenlinie nach oben führt. Im Gelände weist die gelbe Raute den Weg, der einige parallel zur Höhenlinie verlaufende Forststraßen quert. Eine schweißtreibende, fast auf die Höhe führende Wanderung, für die etwas Kondition erforderlich ist. Doch der etwa 20 Minuten dauernde Aufstieg lohnt sich! Hoch über dem Nagoldtal deuten ein Geländer und eine Bank darauf hin, angekommen zu sein. Ein Felsenmeer aus Buntsandsteinblöcken säumt den Weg bereits auf den letzten Metern. (Geologisch exakt handelt es sich um Felsblöcke aus dem oberen Geröllhorizont des Mittleren Buntsandsteins. Sie sind teilweise übereinander gestapelt und teils sehr interessant geformt.) Nur ein kleines handgemachtes Schild an einem Baum weist den Weg zur Bruderhöhle abwärts.

Nach kurzem steilen Abstieg, bei dem ein mächtiger, senkrecht abfallender Felsblock in den Blick kam, war ich überrascht: Ich stand tatsächlich vor einer Höhle, etwa zwei bis drei Meter hoch und etwa zwölf Meter lang. Eine begehbare Höhle, die Schutz bietet. Eine Steinbank gibt es auch. Im Inneren verzweigt sich die Höhle; sie hat – mit etwas Phantasie betrachtet – sogar mehrere Etagen. Von unten blickte ich durch einen kaminartigen Schacht nach oben und sah einen Lichtschein. Bei genauem Erkunden entdeckte ich am Zugangsweg die Öffnung nach außen. Es handelt sich also tatsächlich um einen Kamin. Mit Mauerwerk war da deutlich etwas nachgeholfen worden, wie auch an anderen Stellen in und um die Höhle Menschen am Werk waren. Die ebene Fläche vor der Höhle ist dem Anschein nach erst in jüngerer Zeit durch den Bau einer hohen Stützmauer entstanden.

Bei dem Steingebilde Bruderhöhle konnte ich mir gut vorstellen, dass jemand, geschützt vor Wetterunbilden hier eine Weile hausen kann. Und in dieser Höhle lebte der Überlieferung zufolge um 1480 tatsächlich ein Mönch, ein Bruder Mönch. Diese Tatsache hat

Im Felsenmeer um die Bruderhöhle gibt es weitere interessante Felsgebilde

sich so ins Ortsgedächtnis eingeprägt, dass der zur Höhle führende Weg als Brudersteige benannt wurde. Welchen Namen dieser Mönch trug, seine Lebensdaten und seine Lebensumstände sind leider nicht überliefert.

Informationen

Anfahrt: Hirsau ist Bahnstation an der Strecke Pforzheim – Nagold – Horb. Vom etwas erhöht über dem Tal liegenden Bahnhof geht man vorbei am Aureliuskloster und über die Nagold Richtung Bad Wildbad.

Hirsau ist ein Teilort von Calw, dem Geburtsort von Hermann Hesse. Hermann Hesse hat Hirsau sicher gekannt und ist vermutlich in Kindheit und Jugend hierher gewandert, und dürfte auch die Bruderhöhle gekannt haben. Wer nach Hirsau kommt wandelt also sicher auch auf Hermann Hesses Spuren. Und auf Udo Lindenbergs Spuren dazu. Der gab in der Klosterruine wiederholt Konzerte. Inmitten der Kulisse finden Musikfestivals und andere Events statt.

Beutelstein

Blick aufs Treiben vom Riesen Erkinger

Bad Liebenzell

16 Der Nordschwarzwald ist in weiten Teilen Buntsandsteinland. Die Eigenarten und Schönheiten der Gesteinsformation zeigen sich an vielen Stellen im Nagoldtal wie auch in den anderen parallel laufenden Tälern der Enz, der Alb und der Murg. Wanderer begegnen besonders geformten Steinen auf Schritt und Tritt. Eine besonders schöne Ausprägung zeigt sich in Bad Liebenzell unweit des Bahnhofes in der Straßenkehre der nach Stuttgart führenden L 343. Der senkrecht aufragende, klippenartige Fels reicht bis an die Straße. Eine Tür weist darauf hin, dass sich darin ein Felsenkeller verbirgt.

Das Naturdenkmal ist nicht markiert, es gibt keinerlei Hinweis

Bad Liebenzell liegt malerisch im Nagoldtal

im Straßenraum. Man muss es gezielt aufsuchen. Und die Umgebung ist trotz der Lage am Anfang der Schillerallee, die anderes verheißt, nicht sehr einladend, ein Industrieareal mit Containerlager. Aber die begehbare Felsbank lohnt den Abstecher. Ein schmales Treppchen führt von der Straßenkehre, von der die Schillerallee abzweigt, durch Gebüsch nach oben. Und da steht man gleich vor dem Stein mit seinen feingeschichteten Bänken in rötlichem Braun und Beige. Buntsandstein, wie er schöner nicht sein könnte. Die Geologen bezeichnen dieses Phänomen treffend als Marmorkuchen-Bänderung. Sie ordnen den Beutelstein dem unteren Geröllhorizont des Mittleren Buntsandsteins zu.

Abgesehen von der Bänderung ist das Besondere am Beutelstein die Ausformung mit in den Fels reichenden Klüften und Höhlungen. Unter einem weit auskragenden Überhang befinden sich säulenartige Gebilde und eine große höhlenartige Nische, die einer Loggia gleicht. Von der dort aufgestellten Bank hätte man ohne das davor wachsende Gebüsch einen Panoramablick auf das Städtchen jenseits der Nagold

Marmokuchenbänderung

Der Beutelstein fungiert als Loggia

und auf die oberhalb liegende Burg Liebenstein, wo einst der Sage nach der Riese Erkinger gehaust hat. Der war ein Menschenfresser, raubte mit Vorliebe Bräute und fraß sie auf. Die Knochen warf er auf den Berg auf der anderen Seite des Tales. Der heißt deswegen Beinberg. Bis sein Feind, der Merkinger, der auf der gegenüberliegenden Talseite eine Burg hatte, in den Turm der Burg vom Erkinger eindrang und den Riesen hinunterwarf. Der Sage zufolge findet man auch heute immer noch riesige Steinkugeln in der Gegend um das Städtchen, die einst der Erkinger von seinem Turm ins Tal hinabgeschleudert hat.

Als Eremitenklause wie die nur wenige Kilometer entfernte Bruderhöhle taugt der Beutelstein sicher nicht; dazu ist die Höhlung zu klein, einen kleinen Eindruck vom Höhlenleben bekommt man in der Nische sitzend aber schon.

Vom Fels aus führt ein Fußpfad am Hang entlang, vorbei an weiteren, kleineren Sandsteinblöcken. Da ist man dem Stein ganz nah, kann an ihm reiben und seine Konsistenz fühlen. Auf solchem Ausgangsgestein fühlen sich Ginster und Heidekraut wohl und begleiten den Weg. Nach wenigen Metern teilt sich der Pfad, führt nach rechts abzweigend weiter zum Kaffeehof oder am Talrand entlang zum Salzmannhain.

Informationen

Anfahrt: Bad Liebenzell ist Bahnstation an der Strecke Pforzheim – Nagold – Horb. Der kleine Kur- und Touristenort ist auf jeden Fall einen Besuch wert – wegen der idyllischen Lage im Nagoldtal, wegen seines Kurparks und dem daran angrenzenden SOPHI PARK.

Burgruine Löffelstelz

Hoch über der Enz

Mühlacker-Dürrmenz

⑰ Bei der Vorbeifahrt an Mühlacker mit der Bahn war sie mir bereits aufgefallen: eine imposante Burgruine auf dem Muschelkalkfelsen über der Enz. Ich wählte eine eigenwillige Annäherung an die Burg: Einfach am Bahnhof Mühlacker aussteigen und die paar hundert Meter bis zur Burgruine gehen, erschien mir zu langweilig. – Ich will schließlich die Umgebung eines Naturdenkmals erkunden, die Einbettung in die Landschaft erspüren. – Also fuhr ich eine Bahnstation weiter, bis Enzberg, um mich von Westen dem Zielort zu nähern. Und diese Wanderung, immer der Enz entlang durch das Naturschutzgebiet »Enztal zwischen Niefern und Mühlacker«, entpuppte sich als ungemein spannend und mit vielfältigsten

Steil aufragend über der Enz: Burgruine Löffelstelz

Einladendes Wegzeichen zur Burg

Geschichtsträchtiger Weg

Landschaftseindrücken. Ich orientierte mich zunächst in Richtung Niefern-Öschelbronn, wobei zu sagen ist, dass es am Bahnhof Enzberg keinerlei Hinweisschilder, Wegweiser oder dergleichen gibt, die eine Orientierungshilfe geben. Aber ich wusste ja, wo ich hinwollte, hatte meine Karten und orientierte mich im Gelände. Auf einer überdachten Holzbrücke überquerte ich die Enz, ging über die Wiesen auf ein entfernt stehendes Schild zu, auf dem ich die Aufschrift »Naturschutzgebiet« erwartete. Und so war es dann auch. Dieses Schild weist auf das Naturschutzgebiet Galgenberg hin, einen Halbtrockenrasen, Relikt der früheren Nutzung, mit einzelnen Obstbäumen und Kiefern zwischendrin. Der präsentierte sich bei meinem Besuch in buntem Kleid – in Gelb vom Echten Labkraut und Blauviolett von der Flockenblume. Dazwischen Hauhechel, auch Enzian und jede Menge Falter. Ein buntes Wiesenbild, wie man es sich wünscht. Zurück auf dem geteerten Fahrweg gelangte ich bald zu einem links vom Weg abzweigenden Fußpfad, der mich auf der Hangkante hoch über der Enz Richtung Mühlacker leitete. Hier bewegte ich mich knapp hinter der Abbruchkante des mächtigen Muschelkalk-Felsbandes. Der Blick fiel durch Bäume und Gebüsch hinunter auf den Fluss. Die ganze Zeit hatte ich den Wunsch, mir die Szenerie auch von unten

Kaisermantel auf Baldrian

Herzogstein am Ufer der Enz

anzuschauen. Doch dazu hätte ich mich direkt in den Fluss begeben müssen. Am Ende des Hangkantenwegs gelangte ich zum Kulturdenkmal Herzogstein am Enzufer.

Der Sandstein, bei dem es sich um eine Replik handelt, erinnert an ein denkwürdiges Ereignis: An dieser Stelle startete der württembergische Herzog Friedrich I. im Jahr 1604 einen Umritt um sein Territorium. Für diesen Herzogsritt, bei dem ihn 50 Gefolgsleute begleiteten, brauchte er 31 Tage. Ich hatte also bei meiner Wanderung soeben die historische Grenze zwischen Baden und Württemberg überschritten. (Heute gehört Mühlacker zum Enzkreis im Regierungsbezirk Karlsruhe, also zum badischen Landesteil.)

Der idyllische Pfad führte weiter zwischen den Wiesen in der Talaue zur Linken und Wald zur ansteigenden Rechten. Der rechtsseitige Hang wird immer felsiger, mit kleinen Felsabbrüchen, mit Sickerstellen, viel Farn, überall Habichtskraut. Farbige Holzstelen erinnerten an die Landesgartenschau vor ein paar Jahren. Bis ich schließlich auf Höhe des Enzwehres aus dem Schatten ins Helle trat, und da war ich schon in Dürrmenz, einem Stadtteil von Mühlacker. Immer rechts der Enz entlang gehend gelangte ich bald an eine Stelle, von der aus die Burgruine auf dem Muschelkalkfelsen ins Blickfeld kam. Passenderweise befindet sich an der Stelle mit der günstigsten Fotografierposition ein riesiger Bilderrahmen – ein Überbleibsel aus Gartenschauzeiten. Dann musste ich nur noch die Enzbrücke und die Enzstraße überqueren und den kurzen steilen Aufstieg zur Burgruine bewältigen, und schon war ich an der Ruine. An den Felshang selbst kam ich allerdings nicht heran, da er stark mit Stahlnetzen abgesichert ist. Der Löffelstelzweg führt hinter der Burgruine vorbei an der Hangkante des Felsmassivs entlang Richtung Stadtmitte. Von hier bieten sich schöne Ausblicke ins Enztal.

Die Burgruine Löffelstelz stammt aus dem 13. Jahrhundert. Sie ist aufwendig saniert; der offene Innenbereich wird für Veranstaltungen genutzt. Die Burgruine selbst wurde von der Denkmalstiftung Baden-Württemberg zum »Denkmal des Monats Mai 2008« ernannt.

Zur Bedeutung als Naturdenkmal: Es wurde bereits 1949 als »Klebwald und Felshang bei der Ruine Löffelstelz« ausgewiesen. Von der Talseite her ist der Felshang leider ebenfalls nicht zugänglich, da Häuser und private Grundstücke bis an ihn heranreichen. Allerdings hat dies den großen Vorteil, dass hier Lebensraum für trockenheitsliebende Vegetation und für Vögel, Fledermäuse und anderes Getier geschützt werden kann.

Informationen

Anfahrt: Mühlacker ist Bahnstation an der Strecke Stuttgart – Pforzheim – Karlsruhe.

Burg Löffelstelz liegt im Stadtgebiet von Mühlacker. Der ausgeschilderte Löffelstelzweg führt von der Kelter im Stadtzentrum von Mühlacker über die Burgruine zum Friedhof St. Peter in Dürrmenz. An markanten Stellen aufgestellte Schautafeln informieren über Kultur, Natur und Heimatkunde. Den zugehörigen Flyer gibt's im Tourismusbüro; er ist auch übers Internet abrufbar.

Von Dürrmenz aus führt der Wanderweg weiter Richtung Enzberg und zum Herzogstein.

Rote-Lache-Eiche

Alte Huteeiche auf dem Sattel

Herrenberg

18 Weithin sichtbar, doch meist unerkannt: Alle Bahnfahrer, die von Stuttgart nach Singen unterwegs sind, haben womöglich die Rote-Lache-Eiche schon gesehen, vorausgesetzt sie schauen zufälligerweise kurz vor der Einfahrt in den Bahnhof Herrenberg nach links aus dem Fenster. Denn da ist sie vom Zug aus sehr gut zu erkennen – in der Fortsetzung des Schlossbergs in einem angedeuteten Sattel. Die darunterliegende Wiese lässt den Blick frei auf das Ensemble aus Eiche und Pyramidenpappel. Etwas weiter links davon befindet sich der auffällige, vor ein paar Jahren gebaute Schönbuchturm. Schon allein die Lage der Eiche an dieser exponierten Stelle macht neugierig und fordert geradezu zur Annäherung an das Naturdenkmal heraus.

Das Naturdenkmal Rote-Lache-Eiche ist also leicht zu lokalisieren und, etwas Kondition vorausgesetzt, auch gut vom Bahnhof Herrenberg aus zu Fuß zu erreichen. Die Stiftskirche, die oberhalb der Altstadt thront, weist den Weg. Ich folgte der Ausschilderung zu dem schon erwähnten Schönbuchturm. Durch die äußerst malerische Altstadt mit den Fachwerkhäusern rund um den Marktplatz geht es steil bergan zur Stiftskirche und noch weiter nach oben durch das Areal der ehemaligen Burg oder an der Befestigungsmauer entlang. Die Anstrengung des Aufstiegs wird belohnt durch einen weiten Blick ins Land, zum

Blick von der Burg auf Herrenberg

Rote-Lache-Eiche am Rand des Schönbuchs

Schönbuch im Osten mit dem dunkel scheinenden Trauf der Schwäbischen Alb in der Ferne. Nach Süden und Westen schweift der Blick über die fruchtbaren Gäulandschaften mit Feldern, Wiesen und Obstbäumen. Vom Bergsporn mit Burg geht es auf dem Höhenrücken Richtung Schönbuch – entweder auf einem Pfad durch den Wald oder auf einem Teerweg vorbei an Gütle, Gartenanlagen und Streuobstwiesen.

Aus dem Gebüsch heraustretend stand ich dann unvermittelt vor dem mächtigen Eichenstamm. 5,50 Meter beträgt sein Umfang. Das Alter dieses mächtigen Gesellen wird auf etwa 350 Jahre geschätzt. Ganz spurlos sind die Jahrhunderte nicht an der Eiche vorübergegangen. Sie wurde baumchirurgisch behandelt, Äste sind abgesägt, ein Spannseil hält Teile der Krone zusammen. Doch insgesamt wirkt die Eiche vital.

Ein Baumleben währt jedoch nicht ewig; deshalb wurde vorausschauend im Jahr 2017 ein paar Meter entfernt von ihr eine neue Eiche gepflanzt.

Wie die Rote-Lache-Eiche wohl zu ihrem Namen kam? Unmittelbar neben der Eiche steht auf einem Schild die Erklärung für die Namensgebung. Die hängt mit der viereckigen Eintiefung im Gelände unmittelbar neben der Eiche zusammen. Diese wannenartige Grube diente einst als Holzlager. Durch Bestandteile im anstehenden Gestein des Gipskeupers färbte sich das Wasser rot. Es entstand eben eine rötlich gefärbte Lache, die der daneben stehenden Eiche den Namen gab. Die Eiche in Kombination mit der Grube ist also auch eine kulturhistorische Besonderheit.

Informationen

Anfahrt: Herrenberg liegt an der Autobahn A 81 Stuttgart – Singen und an der B 14. Die Stadt am Rande des Schönbuchs ist sehr gut mit öffentlichen Verkehrsmitteln erreichbar – Endhaltestelle der S1 (Kirchheim – Stuttgart – Herrenberg) und IC-Halt an der Bahnstrecke Stuttgart – Singen.

Hauerlöcher und Glemstal

Wo das Erdmännle wohnt

Leonberg

19 Leonberg gehört wie Herrenberg zum Landkreis Böblingen; es liegt mittendrin im prosperierenden Baden-Württemberg. Bekannt durch sein Autobahndreieck, durch den Autobahntunnel und durch die Bausparkasse. An Natur- und Kulturschätze denkt man in Zusammenhang mit Leonberg eher weniger. Und dennoch gibt es sie. Zu nennen ist vor allem der Pomeranzengarten am Leonberger Schloss, einer der ganz wenigen Renaissancegärten in Deutschland. Im Gegensatz dazu steht die ursprüngliche Natur. Die, wie ich wohl weiß, nie »nur« Natur ist, sondern auch direkt oder indirekt vom Menschen, vom menschlichen Dasein und Wirken beeinflusst ist. Unter dieser Prämisse sind auch die Hauerlöcher zu betrachten.

Im Glemstal: Muschelkalk-Felsband mit den Hauerlöchern

Es handelt sich dabei um ein Muschelkalk-Felsband mit Höhlungen, von dem Flüsschen Glems und durch weitere Erosion geschaffen. Das Wasser hat sich seit der letzten Eiszeit in den Muschelkalkuntergrund eingegraben und auf diese Weise das Felsband freigelegt. Von ihrer Quelle im Stuttgarter Rotwildpark, einem Naturschutzgebiet, mäandert die Glems durchs Mahdental nach Leonberg und durch etliche weitere Gemarkungen im Muschelkalkgebiet weiter bis zur Mündung in die Enz bei Unterriexingen.

Einheimische kennen den Abschnitt der Glems zwischen Leonberg und dem Ortsteil Höfingen als »Höfinger Täle«. Und genau dieser Abschnitt wurde jüngst, nach meiner Exkursion, zu einem Naturerfahrungsraum ausgerufen. Eine der Stationen ist der Bereich bei der Felsensägemühle vor den Hauerlöchern. Die sollen durch ein Sichtfenster in den Fokus gerückt werden. Touristisch erschlossen ist der Bereich bereits für Fahrradfahrer. Und der Glemsmühlenweg, zu dem es einen Flyer gibt, führt ebenfalls hier vorbei.

Glemsquelle im Stuttgarter Rotwildpark

Doch zu den Hauerlöchern: Der Name steht für das gesamte Felsband. Die tatsächlichen Löcher befinden sich im oberen Teil. Zwei davon sind mit Gitterstäben gesichert. In einer alten Oberamtsbeschreibung von Leonberg ist nachzulesen: »Etwa ½ Stunde südwestlich von Höfingen, an dem felsigen Glemsthalabhange, unfern der Sägmühle, befindet sich eine Höhle, das Hauerloch genannt; sie ist von dem Umfang eines kleinen Zimmers, hat einen thürartigen Eingang und eine Öffnung, welche die Stelle eines Fensters vertritt, so daß es scheint, die Kunst habe hier der Natur ziemlich nachgeholfen.« So weit die Beschreibung der Baulichkeiten. Doch wer hat darin gehaust? Der Name leitet sich vermutlich von Huhenloch – Huhen – Uhu ab, deutet also auf die Behausung des Uhu hin. Die Hauerlöcher wurden erstmals 1535 erwähnt.

Es rankt sich jedoch auch eine Sage um die Hauerlöcher, die ich im Höfinger Heimatbuch, 1986 herausgegeben vom Höfinger Heimatverein, fand und aus dem Schwäbischen übersetze: »Als vor vielen, vielen Jahren die Mühle zum Verkauf angeboten worden ist, da hätte ein junges Paar aus Höfingen sie zu gerne gekauft. Doch da ihnen das nötige Kleingeld fehlte, kamen sie auf die Idee, einen Zwerg um Hilfe zu bitten, der als Hüter von einem unermesslichen Schatz im sogenannten »Hauerloch«, einer kleinen Höhle am Felsabhang unweit der Mühle, gehaust hat. Tatsächlich hat das Männle seine Unterstützung unter der Bedingung zugesagt, dass der Müller und die Müllerin versprechen, ihm dafür später einmal ihre erstgeborene Tochter zur Frau zu geben, falls es dem Mädle bis zu seinem 20. Lebensjahr nicht gelinge, den Namen von ihrem seltsamen Freier zu erraten. Natürlich kam es wie es in solchen Geschichten kommen muss: Nach gut 20 Jahren ist die schöne Müllerstochter heulend in ihrem Kämmerlein gesessen, weil alle ihre Bemühungen, den Namen von dem hässlichen Zwerg in Erfahrung zu bringen, fehlgeschlagen sind. In ihrer Verzweiflung hätte das arme Ding fast die krächzende Stimme auf dem Hausflur überhört, die immer das Gleiche gesungen hat: ›Gut, dass meine Braut nicht weiß, dass ich Erdmann heiß!‹

Selbstverständlich ist das Mädle, kaum dass es den Wortlaut von dem Singsang verstanden hat, auch an die Tür gesaust und hat dem entgeisterten Wicht seinen Namen entgegengeschrien. So ist die Müllerstochter gerettet gewesen und dem Zwerg ist nichts anderes übrig geblieben, als wütend über die verpatzte Gelegenheit zu seiner Erlösung wieder für 500 Jahre in seiner Höhle zu verschwinden.
Beherzte Höfinger sollen daraufhin zwar ein paarmal probiert haben, das Männle aufzustöbern und den sagenhaften Schatz zu heben, aber bis jetzt ist es offenbar noch niemand gelungen, den richtigen Zauberspruch zu finden und mit ein bisschen »Hokuspokus« gewissermaßen über Nacht steinreich zu werden.«

Wie mir ein Anwohner aus der Felsensägemühle, den ich bei meiner Erkundung traf, sagte, hätten sich immer mal wieder welche (womöglich auf Schatzsuche?) im Felshang verstiegen und seien alleine nicht mehr heruntergekommen. Da hätte er öfter zu Hilfe eilen müssen.

Die Felswand mit den Hauerlöchern selbst ist nicht mehr zugänglich, nur noch von der anderen Seite der Glems aus einzusehen. Das 1,1 Hektar große Areal samt dem davor liegenden steilen und steinigen Hang ist eingezäunt. Eine Ziegenherde fungiert als Landschaftspfleger auf dem orchideenreichen, trockenen Hang.

Informationen

Anfahrt: Leonberg liegt am Autobahndreieck der A 8 mit der A 81. In Leonberg Richtung Rutesheim orientieren. Vor der Brücke über die Glems nach rechts in die Mühlstraße einbiegen und einen Parkplatz suchen.

Leonberg ist mit öffentlichen Verkehrsmitteln gut erreichbar. An der S-Bahn-Haltestelle (S6 und S60) zunächst Richtung Stadtmitte orientieren, aber im Tal bleiben und der Mühlstraße folgen. Einen guten Kilometer talabwärts passiert man die Felsensägemühle und sieht gleich dahinter rechter Hand die Hauerlöcher auf der anderen Seite der Glems.

Schwälblesklinge

Sandstein für die Stuben

Stuttgart-Süd

20 Ich, die viele Jahre meines Lebens in Stuttgart verbrachte, muss gestehen, dass ich die Schwälblesklinge erst für dieses Buch auskundschaftete. Welch' Versäumnis! Denn diese Klinge entführte mich in eine andere Welt – inmitten der Großstadt. Keine Häuser, keine Straßen, kein Krakeele, kaum Straßenlärm, was abgesehen von der Lage im Einschnitt der Klinge auch daran liegt, dass oberhalb der einen Talseite der Waldfriedhof liegt. Ich kam mir vor wie mitten im Schwäbischen Wald. Die Klinge zweigt von dem vom Nesenbach gebildeten Talkessel ab, der von Heslach nach Vaihingen hochzieht. Das Klingenbächle schuf sich seinen Weg durch den Untergrund aus Stubensandstein, der in Stuttgart vielerorts ansteht. Auf dem Talgrund

Die Schwälblesklinge ist tief in den Stubensandstein eingeschnitten

verläuft ein gut ausgebauter Weg in sanften Windungen und steigt stetig bis unterhalb von Sonnenberg an. Steinblöcke, steile Abbrüche, umgefallene Bäume, kleine Wasserfälle säumen den Weg. Das alles mutet wildromantisch an, obwohl hier der Mensch deutlich wasserbaulich eingegriffen hat.

Tafeln mit Erklärungen zur Geologie stehen verstreut entlang des Wegs durch das 3,3 Hektar große flächenhafte Naturdenkmal. Sehr informativ fand ich die Tafel mit den Erklärungen zum Stubensandstein, die passenderweise neben einem besonders schön geformten Felsen steht. Der Name der Gesteinsschicht erklärt sich praktisch von selbst: Der gemahlene feine Sand aus dieser Schicht wurde früher zum Ausfegen auf die Holzböden in den Stuben gestreut und diente der Reinigung – lange vor Staubsaugerzeiten. In Stuttgart gab es dafür sicher großen Bedarf.

Der Waldboden in der Klinge, in die nur wenig Licht fällt, ist kaum bewachsen. Nur Efeu, wenige Farne und Wald-Hainsimsen.

Typischer Aufschluss des Stubensandsteins, gut zugänglich am Wanderweg

Beim Baumbestand dominieren Rot-Buchen; es wachsen aber auch Hainbuchen, Berg-Ahorne, Linden und Eichen. Bei meinem Spaziergang im Herbst stapfte ich durch braunes Rot-Buchen-Laub, das sich am Talgrund angesammelt hatte.

Die etwa halbstündige Schwälblesklingenwanderung lässt sich gut mit der Erkundung der oberhalb liegenden Streuobstwiese Kressart verbinden. Rund um den Wiesenhang, auf dem Rinder und Esel weiden, ist ein Streuobstwiesen-Lehrpfad angelegt, ebenfalls mit informativen Tafeln über Obstarten und die Eigenarten des Streuobstbaus. Eine Aufpflanzung von Wildrosen mit botanisch korrekter Beschilderung ist ebenfalls zu sehen.

Informationen

Anfahrt: Am besten mit öffentlichen Verkehrsmitteln anreisen. Entweder an der U-Bahn-Haltestelle Vogelrain – Endhaltestelle der U9 – aussteigen oder an der Haltestelle Waldeck (Kaltental) der U1 eine Station weiter Richtung Vaihingen.

Zunächst auf dem Kellerbrunnenweg der Ausschilderung Richtung Waldfriedhof folgen, von diesem Weg zweigt der Schwälblesklingenweg ab. Dann dem blauen Punkt auf weißem Grund folgen.

Wer an der Haltestelle Vogelrain aussteigt und im Tal die Strecke bis zum Beginn der Schwälblesklinge geht, bekommt bei dieser Gelegenheit einen Abschnitt des renaturierten Nesenbachs zu Gesicht. Der Fußweg führt am sanft mäandernden Nesenbach entlang talaufwärts bis zur Einmündung der Klinge. Bachbunge, Brunnenkresse, Gauklerblume, Sumpf-Vergissmeinnicht und Sauergräser säumen dessen Rand.

Platane im Exotischen Garten

Unter den Augen von Franziska von Hohenheim

Stuttgart-Hohenheim

21 Die Hohenheimer Gärten sind zu jeder Jahreszeit einen Besuch wert, auch mitten im Winter. Besucher können sich auf einem »Historischen Rundweg« durchs Gelände leiten lassen. An interessanten Punkten informieren Schautafeln über architektonische und gartengestalterische Details. Der Rundweg beginnt am Haupteingang zum Exotischen Garten in der Garbenstraße. Und hier fällt auch gleich die Platane in den Blick, die ich hier exemplarisch für unzählige weitere Platanen in Stuttgart vorstellen möchte. Sie gibt Zeugnis von der langen und wechselvollen Geschichte der Hohenheimer Gärten. Doch

Exotischer Garten in Hohenheim mit Spielhaus und Platane

um ihre Bedeutung herauszustellen muss ich etwas ausholen und die Geschichte des Exotischen Gartens erzählen.

Herzog Carl Eugen von Württemberg ließ für seine spätere Frau Franziska von Leutrum-Ertingen ab 1776 (bis zu seinem Tod im Jahr 1793) in Hohenheim ein eigenes Gartenreich nach dem damals aktuellen Zeitgeschmack bauen. Franziska bezeichnete die Englische Anlage als »Dörfle«. Das »Dörfle« war eine Phantasielandschaft mit einer Fülle malerischer Parkbauten mit Nachbildungen von Ruinen des antiken Roms und mit einer Sammlung fremdländischer Bäume und Sträucher.

Friedrich Schiller beschrieb die zu seinen Lebzeiten noch sehr junge Anlage so: *»Aber die Natur, die wir in dieser englischen Anlage finden, ist diejenige nicht mehr, von der wir ausgegangen waren. Es ist mit Geist beseelte und durch Kunst exaltierte Natur, […]«.* Nach Hohenheim dürfte er über oder mit seinem Vater Johann Caspar Schiller gekommen sein, denn der war unter Herzog Carl Eugen Hofgärtner und bis zu seinem Tod 1796 Inspekteur sämtlicher herzoglicher Gärten und Baumschulen und damit auch für Hohenheim zuständig.

Denkmal für Franziska von Hohenheim

Von den Bauten sind noch das »Spielhaus«, heute Museum zur Geschichte Hohenheims und Wohnungen, das sogenannte »Wirtshaus zur Stadt Rom«, heute ein Seminargebäude der Universität Hohenheim, und die »Drei Säulen des donnernden Jupiter« erhalten. Anlässlich von Franziskas 250. Geburtstag wurde im Jahr 1998 ein Obelisk des Plieninger Künstlers Markus Wolf aufgestellt. Das Denkmal steht in unmittelbarer Nähe vom Spielhaus im Schatten der mächtigen Platane.

Seit Carl Eugens und Franziskas Zeiten wurde der heute 16,5 Hektar große Park mehrfach umgestaltet. Eine Zeit lang war er Baumschule. Heute ist er Landesarboretum, in dem gärtnerisch und botanisch interessante Sortimente aufgepflanzt sind. Das Gelände ist in Quartiere aufgeteilt. Jede der etwa 2400 Gehölzarten und -sorten ist in einer Datenbank verzeichnet.

18 Baumveteranen stammen noch aus der Ursprungsphase des Parks vor 1793. Ein besonders schönes und mächtiges Exemplar ist eben die Ahornblättrige Platane oder Gewöhnliche Platane (*Platanus* x *hispanica*) neben dem Spielhaus. Sie wurde 1779 gepflanzt. Diese Hybride war erst 1650 aus einer Kreuzung von Amerikanischer und Morgenländischer Platane entstanden und war zur Pflanzzeit noch eine große Besonderheit. Im Verzeichnis monumentaler Bäume steht sie mit einem Stammumfang von 7,50 Metern und einer Höhe von 36 Metern bei den Ahornblättrigen Platanen Deutschlands an oberster Stelle. Eine Aufnahme in diesen Naturdenkmalführer hat sie also verdient, obwohl sie nicht den formalen Status eines Naturdenkmals hat.

Informationen

Anfahrt: Am besten mit öffentlichen Verkehrsmitteln anreisen. Der Exotische Garten in Plieningen-Hohenheim liegt unweit der Endhaltestelle der U3 Plieningen/Garbe.

i https://gaerten.uni-hohenheim.de

Hessigheimer Felsengärten

Kletterfelsen über dem Neckar

Hessigheim

22 Allein der Name macht neugierig. Beruflich hatte ich vor langer Zeit einmal in der Hessigheimer Felsenkellerei zu tun. Doch die Felsengärten waren erst jetzt mein erklärtes Ziel. Wie meistens reiste ich mit öffentlichen Verkehrsmitteln an. Von der Bahnstation Besigheim auf der Bahnstrecke Stuttgart – Heilbronn aus machte ich mich zu Fuß auf den Weg. Mit dem Bus hätte ich auch bis Hessigheim fahren können, doch mir schien es reizvoller, mich den Felsengärten durchs Neckartal zu Fuß anzunähern. Vom Ortsende von Besigheim an hatte ich die Felsengärten bereits im Blick. Es handelt sich dabei um eine exponierte Felsenlandschaft mit turmartigen Felsen, die sich hinter steilen Weinanbauflächen erheben. Über eine Fußgänger- und Fahrradbrücke gelangte ich auf die andere Seite des breiten Neckars und

Die Hessigheimer Felsengärten liegen hoch oberhalb des Neckars

nach wenigen Minuten zur Felsenkellerei. Ich passierte den Wanderparkplatz, von dem aus Autofahrer den Felsengärtenrundgang starten können.

Der geteerte Weg führt nahezu eben durch die Weinberge. Ich zog es vor, über eine schmale Weinbergtreppe nach oben abzuzweigen. Da erwartete mich gleich eine botanische Besonderheit: ein ganzer Hang voller Graslilien. So viele an einem Fleck hatte ich noch nicht gesehen. Da war klar, dass ich mich im Naturschutzgebiet Hessigheimer Felsengärten befinde. Das 5 Hektar große Areal ist als Naturschutzgebiet ausgewiesen; es ist also rein formal gesehen kein Naturdenkmal, von der Größe her würde es aber noch in die Kategorie fallen. Ich nehme es wegen seiner Kompaktheit und wegen seiner Einzigartigkeit hier dennoch auf. Gut erreichbar ist es zudem.

Vom oberen Teil des Trockenhanges führt ein Fußpfad durch schütteres Gebüsch oberhalb der Felsen vorbei. Ich achtete sehr darauf, wohin ich trat, denn vom Fußpfad bis zum Steilabbruch sind es nur wenige Meter. Dann lichtete sich das Gebüsch und die Felsentürme

Auf dem Neckar herrscht reger Frachtschiffverkehr

Am Grund des Hohenheimer Felsengartens fühlt man sich wie in einer Ruine

waren plötzlich ganz nah. Vorsichtig stieg ich auf die oben flachen Felstürme und schaute in die Abgründe. Kletterhaken deuteten darauf hin, dass an diesen Felsen auch geklettert wird.

Mir schien der Grund der Felsen begehbar zu sein. Und so war es auch. Beim Weitergehen entdeckte ich einen schmalen Fußpfad, der vom Hauptfußpfad nach unten abzweigt. Und so stieg ich hinunter. Da tat sich eine andere Welt auf, ein Felsenterritorium mit senkrecht aufsteigenden Felswänden, mit Felstürmen und Felsblöcken. Diese Felstürme hatten sich durch eine Senkung des Neckarbeckens von der Hochfläche abgelöst. Ich bewegte mich also wie zwischen Ruinen, tatsächlich wie in einem Felsengarten. Die Felsen warfen Schatten, was mir an diesem heißen Exkursionstag hochwillkommen war. Beim Weitergehen stieß ich auf den geteerten Weg, von dem ich bei der Felsenkellerei nach oben abgezweigt war. Da wäre ich schnell wieder auf dem Parkplatz bei der Felsenkellerei angelangt. Doch ich musste wieder zurück an den Ausgangspunkt meiner Wanderung, zum Bahnhof in Besigheim. Die Schilder wiesen den Weg durch Weinberge, vorbei an Feldern mit reifenden Sojabohnen und durch Streuobstwiesen. So bekam ich ganz nebenbei bei meiner Wanderung Einblicke in die Landbewirtschaftung in diesem vom Klima begünstigten Mittleren Neckarraum.

Informationen

Anfahrt: Über die Autobahn A 81, Ausfahrt Mundelsheim. Von dort sind es nur wenige Kilometer bis Hessigheim. In Hessigheim Richtung Besigheim beziehungsweise Richtung Felsenkeller orientieren. Schräg gegenüber der Felsenkellerei gibt es einen großen Parkplatz, von dem aus der etwa zwei Kilometer lange Rundweg gestartet werden kann.

Mit öffentlichen Verkehrsmitteln: Ab Stuttgart Hauptbahnhof mit der S4 Richtung Backnang, bis Freiberg (Neckar), von dort weiter mit dem Bus 459 Richtung Besigheim Bf.

Kibannele

Jagdgöttin wacht über ehemaligem Tiergarten

Sachsenheim-Kirbachhof

㉓ Wie begeisterte mich dieses Naturdenkmal! Es vereint alle Kriterien eines »sagenhaften Naturdenkmals«. An einem schönen Sommertag mit strahlend blauem Himmel machte ich mich auf den Weg dorthin. Vom Bahnhof Sachsenheim gelangte ich mit dem Bus in einer guten Viertelstunde zur Haltestelle Kirbachhof. Die Fahrt führte durch abwechslungsreiche hügelige Landschaft mit malerischen, blumengeschmückten Dörfern, den bewaldeten Stromberg im Blick, mit Reben an den Hängen. Der Kirbachhof ist eine kleine Ansiedlung mit wenigen Häusern, geprägt vor allem durch einen landwirtschaftlichen Betrieb mit Hofladen. Von dort aus führt der fast ebene Fuß- und Feldweg in wenigen Minuten zum Kibannele. Was dieser schwäbisch klingende Name wohl bedeuten mag? Ich hatte mich natürlich vorab informiert und wusste, dass er vom Namen der großen Göttermutter, der Göttin Kybele, der die römische Jagdgöttin Diana entspricht, abgeleitet ist.

Als das Kibannele dann mitten aus dem Grün tatsächlich in mein Blickfeld geriet, war dies ein erhebender Moment. Die Sandsteinfigur steht hoch auf einer kleinen bebuschten Insel in einem Teich. So unerschütterlich, so würdevoll, göttinnengleich, obwohl ihr die Arme fehlen. Sie scheint zu schweben, weil der Sockel vom Gebüsch verborgen ist. Von der nördlich gelegenen Anhöhe ergibt sich der beste Blick auf die Szenerie mit dem Teich, dem Ufergebüsch mit Erlen und Weiden samt der eingezäunten Viehweide darum herum. Es ist erkennbar, dass die Szenerie nicht einfach nur »Natur« ist, sondern dass da menschliches Wirken mit im Spiel ist. Und so erweist es sich denn auch: Der Teich, der eine ovale Form hat, und das Inselchen mit der Figur sind Teil einer einstigen Gartenanlage, des Tiergartens, den der württembergische Herzog Eberhard III. im 17. Jahrhundert hatte anlegen lassen. Unmittelbar daneben auf einem Hügel stand sein Jagdschloss. Von eben dieser Position aus betrachtete ich die Szenerie. Ein netter Zufall, dass sich just in dem Moment ein Graureiher auf dem Kopf des Kibannele niederließ.

Vom Schloss gibt es keine Spuren mehr. Auch die restliche Tiergartenanlage ist verschwunden. Obwohl ich beim Weitergehen in Richtung Ochsenbach ein viereckiges Wasserbecken rechts des Wegs neben dem Kirbach bemerkte – eindeutig von Menschenhand gemacht. Und im nahen Dorf Ochsenbach verweist der Straßenname Tiergarten auf die ehemalige Existenz der Anlage.

Und es gibt in Ochsenbach mit seiner Reihe von schönen Fachwerkhäusern noch ein weiteres Relikt: An einem der Fachwerkhäuser wurde in den First ein Arm des Kibannele eingemauert. Ein Schild an dem betreffenden bildschön restaurierten Haus brachte mich auf die Spur – auch eine Verwertung oder Rettung? Ich wünschte mir den Arm eher an der Figur.

Das Kibannele thront auf einer kleinen Insel im Tiergartensee

Die Tiergartenanlage wird noch interessanter, wenn man sich die geschichtlichen Hintergründe anschaut. Ich fragte mich, warum gerade an der Stelle Herzog Eberhard das alles erbauen ließ. Das Gelände musste also seinerzeit in seinem Besitz gewesen sein. Und so war es auch. Auf dem heutigen Kirbachhof existierte zuvor ein Zisterzienserinnenkloster. Infolge von Misswirtschaft mussten die Nonnen das Kloster aufgeben; es wurde 1543 aufgelöst. Land und Gebäude fielen an das Herzogtum Württemberg.

Herzog Eberhard III. von Württemberg ließ in den 1660er-Jahren einen 200 Morgen großen Tiergarten zur herzoglichen Jagd anlegen samt besagtem Jagdschloss auf dem angrenzenden Hügel. Das Schloss wurde – vermutlich nach einem Brand – 1750 abgebrochen. Neben dem Kibannele gab es noch andere Steinfiguren, die Teil von zeittypischen Wasserspielen waren.

Informationen

Anfahrt: Der Kirbachhof ist sehr gut mit öffentlichen Verkehrsmitteln zu erreichen, obwohl es ländlich-idyllisch liegt. Vom Bahnhof Sachsenheim aus nimmt man den Bus Richtung Häfnerhaslach und steigt an der Haltestelle Kirbachhof aus. Wer mit dem Auto anreist parkt entweder am Kirbachhof oder auf dem Wander-Parkplatz zwischen Ochsenbach und Kirbachhof. Die letzten paar hundert Meter muss man auf gut ausgebautem Feldweg zu Fuß gehen. Das Kibannele ist vom vorbeiführenden Weg aus gut zu erkennen. Etwas näher an die Figur gelangt man über die eingezäunte und mit einem Tor versehene Viehweide.

Es lohnt sich auch, den Hofladen des Betriebes Jael und Erich Weiß GbR mit seinem großen Sortiment an Produkten, hauptsächlich der hofeigenen Metzgerei einen Besuch abzustatten (www.kirbachhof-laden.de). Die Webseite www.kirbachhof.de informiert über den gesamten »produktiven« Weiler und über dessen Geschichte.

Weißer Steinbruch

Schaufenster in die Keuper-Zeit

Pfaffenhofen

24 Beim Blick auf die Freizeitkarte Stromberg-Heuchelberg war mir sofort klar, dass ich die Fahrt zum Kibannele mit der Exkursion zum Weißen Steinbruch bei Pfaffenhofen verbinden kann.

Vom Kibannele wanderte ich über Ochsenbach, dem Dorf mit dem Kibannele-Arm, hinauf auf die Stromberghöhe. Der abwechslungsreiche Weg führte zumeist durch Wald, streckenweise durch einen Hohlweg. Ich orientierte mich Richtung Burgruine Blankenburg, denn der Weiße Steinbruch war zunächst nicht ausgeschildert – er liegt im angrenzenden Kreis Heilbronn, ist somit touristisch nicht an Sachsenheim im Kreis Ludwigsburg angebunden. Da gibt es also durchaus neue Grenzen im Ländle. Auf der Karte ist der Weiße Steinbruch aber leicht durch Stern- und Aussichtspunktsymbol zu identifizieren. Auf dem Höhenkamm des Strombergs stieß ich dann auf den gut ausgeschilderten Albvereinsweg, den Hauptwanderweg 10, der zum Weißen Steinbruch und Sternenfels ausgeschildert ist. Ein sich durch den Wald schlängelnder Fußweg, wie man ihn sich angenehmer nicht vorstellen kann. Nach etwa einem Kilometer quert man die Straße zwischen Ochsenbach und Eibensfeld beziehungsweise Pfaffenhofen. An diesem Kreuzungspunkt gibt es einen großen Parkplatz, von dem aus nur etwa ein halber Kilometer entfernt der Weiße Steinbruch liegt.

In solch' abgelegener Gegend, weit entfernt von Ansiedlungen, ein Steinbruch? Und dazu noch ein Weißer? Was es damit wohl auf sich hat? Die Antworten bekommen Wanderer direkt vor Ort. Auf zahlreichen Schautafeln ist erklärt, was es mit dem Weißen Steinbruch auf sich hat. Der hier anstehende Stubensandstein ist tatsächlich weißlich. Beim Darüberstreichen löst sich Sand. Es ist also ein sehr weicher Stein. Wir befinden uns hier in der Zone des Stubensandsteins,

Im Keuper-Steinbruch

Typisch weißer Sandstein

einer Schichtstufe im Keuper, wie er auch in Stuttgart in der Schwälblesklinge ansteht (siehe Seite 84 ff.).

Das vier Hektar große flächenhafte Naturdenkmal ist weniger als Steinbruch bedeutend (er war nur von 1902 bis 1914 in Betrieb), vielmehr als Fundstätte von Fossilien, besonders von Reptilien und Amphibien. Der Webseite der Gemeinde ist zu entnehmen, dass es keinen anderen Keuper-Steinbruch mit vergleichbarer Vielfalt an Fossilien gebe. Am spektakulärsten sind die Skelettreste des ältesten europäischen Dinosauriers Sellosaurus. Abgüsse der Fundstücke können im Rathaus Pfaffenhofen besichtigt werden.

Das Zabergäu, in dem Pfaffenhofen liegt, war während der Trias-Zeit, dem Erdmittelalter, vor über 200 Millionen Jahren Teil einer großen flachen Senke, in der sich über sehr lange Zeiträume Buntsandstein-, Muschelkalk- und Keuper-Schichten übereinander ablagerten. Im Zabergäu stehen vor allem die Keuper-Schichten an. Diese entstanden durch Fluss-Ablagerungen von Tonschlamm und Sand, die sich im Laufe langer Zeiträume zu Stein verdichteten. Hauptsächlich durch die Erosionskraft des Wassers wurde das Gelände neu verformt – ein Prozess, der sich ewig fortsetzt.

Spektakulär ist auch die Aussicht, die man von der Aussichtsplatt-

Von der Aussichtskanzel öffnet sich der Blick weit nach Norden

form direkt angrenzend an den Steinbruch über das Zabergäu hat. Der Panoramablick reicht vom Königstuhl bei Heidelberg und dem Katzenkopf im Odenwald über das Heilbronner Becken bis zu den Löwensteiner Bergen. So wird Geographie greifbar. Beim Weiterwandern nach Pfaffenhofen kam ich an etlichen Brunnen vorbei, an denen ich mich mit kühlem Quellwasser versorgen konnte.

Informationen

Anfahrt: Mit dem Fahrzeug über die L 1110 bis zum Parkplatz Weißer Steinbruch zwischen Ochsenbach und Eibensbach. Von dort gelangt man über den »Rennweg« in etwa einer Viertelstunde zum Weißen Steinbruch. Mit öffentlichen Verkehrsmitteln ist die beste Verbindung vom Hauptbahnhof Heilbronn aus mit der Regiobuslinie 661 direkt nach Pfaffenhofen. Alternative Anreise vom Bahnhof Lauffen am Neckar aus mit der Regiobuslinie 664. Über den Rodbachhof führt der gut ausgebaute Brunnenweg nach oben auf die Stromberghöhe. In der Weinbaugemeinde Pfaffenhofen, auf deren Gebiet der Steinbruch liegt, gibt es sehr gutes gastronomisches Angebot, wie im gesamten, vom Weinbau geprägten Zabergäu.

i www.pfaffenhofen-wuertt.de

Alter Friedhof

Großer Abendsegler schwebt über alten Grabsteinen

Heilbronn

25 Mitten in der Stadt ein Naturdenkmal! Das will etwas heißen: Der alte Baumbestand ist der Grund für die Ausweisung des »Alten Friedhofs« als Naturdenkmal. Das geschah bereits im Jahr 1937. Eine Natursteinmauer umgibt das 2,6 Hektar große Gelände. Der Alte Friedhof gilt als eines der bemerkenswertesten Natur- und Kulturdenkmale in Württemberg.

Der Friedhof hat eine jahrhundertelange Geschichte. Er wurde 1530 als städtischer Friedhof außerhalb der Stadtmauern angelegt und in der Folgezeit mehrfach erweitert und verschönert. In der Oberamtsbeschreibung von 1865 wird er gar als »der schönste in Württemberg« bezeichnet. Seit 1882 finden auf dem Friedhof keine Bestattungen mehr statt.

Der Alte Friedhof ist wegen seines alten Baumbestandes als Naturdenkmal ausgewiesen.

Das Grabmal des berühmten Geologen von Alberti steht auf dem Alten Friedhof.

Rhododendren und Azaleen bringen Farbe in den Park

Die über 200 historischen Grabsteine und Ehrenmale stehen meist nicht an der ursprünglichen Stelle, sie wurden in loser Anordnung über den Park verteilt. Im Kontext dieses Buches ist besonders der Gedenkstein für den Geologen und Salinisten Friedrich von Alberti (1795–1878) hervorzuheben, den Erfinder des Begriffs Trias für die Abfolge der geologischen Schichten im Südwesten Deutschlands. Von Alberti begegnet uns auch an anderer Stelle in diesem Buch, am Weißen Steinbruch bei Pfaffenhofen (siehe Seite 97 ff.).

Der »Alte Friedhof« hat heute kaum noch Friedhofscharakter. In dem lebendigen, viel begangenen und viel genutzten Park herrscht keine Friedhofsruhe. Auch die Tierwelt hat ihn angenommen. Die alten Bäume mit Höhlungen sind wichtiger Lebensraum einer Population der Fledermausart Großer Abendsegler (*Nyctalus noctula*).

Besonders malerisch ist der Park zur Blütezeit der Rhododendren und Azaleen. Diese bilden den Unterwuchs für exotische Bäume wie beispielsweise Japanischer Schnurbaum, Urweltmammutbaum, Küstensequoie, Trompetenbaum, Tulpenbaum, Blauglockenbaum, Großblattmagnolie. Etwa 80 Bäume tragen Namensschildchen. So ist der

Trotz der Grabsteine herrscht keine Friedhofsatmosphäre in dem Park

»Alte Friedhof« zugleich ein dendrologischer Park. Die Gehölze im Park werden behutsam gepflegt und abgängige Bäume nachgepflanzt.

Bäume spielen in Heilbronn von jeher eine große Rolle – nicht erst seit die Stadt am Neckar im Jahr 2019 Bundesgartenschaustadt war. Stadtbildprägend sind die vielen Flügelnüsse. Ein besonders schönes Exemplar mit ausladender Krone steht vor der Stadthalle Harmonie.

Informationen

Anfahrt: Der Alte Friedhof liegt zentral am Rand der Stadtmitte hinter der Stadthalle Harmonie, vor der sich die Stadtbahnhaltestelle der Linien S4 und S41/42 befindet, ebenso wie die Haltestelle vieler Buslinien. Der Friedhof ist frei zugänglich.

Lindenanlage

Was das Lindenmännlein zu erzählen hat

Neuenstadt am Kocher

26 Linden stehen in vielen Dörfern und Städten, einzeln, in Gruppen oder als Allee gepflanzt. Die Lindenanlage in Neuenstadt am Kocher ist anders. Sie wirkt wie ein neuzeitlicher gartenarchitektonischer Entwurf. Lindenbäume, steinerne Stützen und Ummauerung bilden hier eine Einheit. Der erste Eindruck täuscht indes, denn die Anlage neben dem Oberen Torturm und dem Schloss ist fast fünfhundert Jahre alt; die Linden dagegen erst wenige Jahrzehnte.

Die Lindenanlage präsentiert sich heute so: Um einen zentralen Lindenbaum, der etwas erhöht auf einem Sockel steht, verteilen sich etliche Dutzend Linden mit waagerecht geleiteten Ästen, die auf

Der Lindenplatz in Neuenstadt am Kocher

Unter den waagerecht ausgezogenen Ästen der Linden ist es schattig-kühl

einer Stützkonstruktion aus Steinsäulen und Holzbalken ruhen. Das Ast- und Laubwerk bildet im Sommer ein schützendes grünes Dach. Die Anlage fungiert gleichzeitig als Entree für die Freilichtbühne im Schlossgraben. Das wirkt alles modern, wie für einen südfranzösischen Bouleplatz entworfen. Doch der Eindruck täuscht. Das merkt man, wenn man sich die rund hundert steinernen Säulen etwas genauer anschaut. Die verzierten Säulen stammen aus der Renaissancezeit, die schlichteren Säulen sogar noch aus dem Mittelalter. In manche sind Stifterwappen eingemeißelt, teils mit Jahreszahl, darunter solche der Berlichingen und der Gemmingen.

Die Säule mit dem sogenannten Lindenmännlein fällt besonders auf: Auf dieser 1555 von Wolf Keidel gesetzten Säule ist das Bild eines Männleins mit einer Peitsche und einem zum Wappen verwandelten Sack mit einem Lindenreis zu sehen. Dieses in Stein gehauene Dokument weist auf eine alte Sage hin, die erklärt wie die Linde an diese Stelle kam. Jakob Frischlin lieferte im Jahr 1606 dazu ein schriftliches Dokument: *»Es steht auch ein Fuhrmann Wolf Keidel in eine stei-*

Der architektonische Teil der Lindenanlage stammt aus dem 16. Jahrhundert

nerne Saul gehauen mit einer Geisel und einer großen Fuhrmannstaschen, der soll die Linde in der Tasche tragen haben und auf der Landstraß dahin gesezt, und soll diese Saul sein Gedächtniß sein …« (Zitat entnommen dem Artikel von Bodo Cichy: Die Lindenanlage von Neuenstadt am Kocher, Kreis Heilbronn. Vom Überleben eines einmaligen Kulturdenkmals.) Bodo Cichy merkt in seinem Artikel an, dass die Sage natürlich in viel frühere Zeit zurückgehe. Wie der Keidel sie an seine Person knüpfen konnte, bliebe unbekannt.

Die Geschichte reicht tatsächlich noch weiter zurück. Bei dem Lindenplatz handelte es sich wohl um eine Gerichtsstätte. Dokumentiert ist die Linde seit 1392, da muss sie schon sehr ausladend gewesen sein, denn es werden in dem Dokument bereits 62 Pfeiler genannt. Und ein Gedicht von 1504 vermeldet: »… Vor der Stadt ein Linden stat, die sieben und sechzig Seulen hat.« Die heute noch existierende Ummauerung erfolgte 1558 auf Veranlassung von Herzog Christoph von Württemberg, der seinen Namen über dem Eingangsportal einmeißeln ließ. Schon vor so langer Zeit war die zentral stehende Linde

Wappensäule mit dem Lindenmännlein

Wappensäule aus der Renaissancezeit

ortsbildprägend, wie alte Stadtansichten belegen. Im Laufe der Jahrhunderte wurde die Anlage immer wieder neu gezeichnet, gemalt, aquarelliert und war Postkartenmotiv – bis die vermeintlich Tausendjährige Linde im April 1945 nach einem Gewittersturm umfiel, nachdem Haltetaue zuvor durch Beschuss zerstört worden waren.

Die »Tausendjährige Linde« hatte gewaltige Dimensionen: Im frühen 20. Jahrhundert wies sie in Bodennähe einen Umfang von 15 Metern auf, bei einer Höhe von knapp 40 Metern! In einem Bericht von 1917 wurde sie allerdings bereits als »ehrwürdige Ruine« bezeichnet.

Informationen

Anfahrt: Neuenstadt am Kocher liegt direkt an der Autobahn A 81 zwischen Heilbronn und Würzburg mit eigener Ausfahrt. Neuenstadt am Kocher liegt am Kocher-Jagst-Radweg.

Mit öffentlichen Verkehrsmitteln: Anreise mit der Buslinie 620 von Heilbronn aus. Die Lindenanlage liegt direkt gegenüber vom Busbahnhof. Der Besuch von Neuenstadt am Kocher lohnt sich wegen seines mittelalterlichen Flairs mit Fachwerkgebäuden, Stadtmauer und Türmen und wegen seiner Freilichtspiele.

i www.neuenstadt.de

Silbergräberträume im Schwäbischen Wald

Wüstenrot

27 Man mag es kaum glauben, aber es ist Tatsache, dass es im Mainhardter Wald einst einen Silbergräberhype gab. Große Hoffnungen auf Wohlstand und Reichtum trieben die Menschen vor 250 Jahren um. Im Gelände gibt es davon heute noch Zeugnisse von den Versuchen, Silber zu schürfen. Zwei davon befinden sich am Ortsrand von Wüstenrot, neben der Straße zum Schmellenhof. Der eine Silberstollen »Unverhofftes Glück« wurde immerhin 127,6 Meter in das Keupergestein getrieben; der andere, »Soldatenglück« genannt, reichte 34,85 Meter in den Fels. Beide Stollen sind heute nicht mehr begehbar – aus ökologischen Gründen und aus Gründen der Sicherheit. Gefunden haben die Silbergräber allerdings kaum etwas, ein wenig Kupfer, aber kein Silber! Das Ganze entpuppte sich als großer Reinfall.

Himmelsleiter auf Silberstollenweg

Schild am Eingang zur Pfaffenklinge

Die Wüstenroter waren einem Schwindel aufgesessen. Das Geschehen spielte sich den Quellen zufolge in etwa so ab: Ein Mann namens Friedrich Ziegel behauptete 1772 gegenüber dem Prälaten Ötinger aus Murrhardt, dass es in der Pfaffenklinge einst ein reiches Silberbergwerk gegeben habe. Er legte dazu wohl einige Erzproben, die angeblich aus der Pfaffenklinge stammten, vor. Dieses Gespräch verfolgte ein anderer Anwesender, Bergrat Riedel aus Sachsen. Der wiederum überredete den Prälaten Ötinger dazu, noch andere Personen zu interessieren und an der Fundstelle ein Bergwerk entstehen zu lassen. Riedel behauptete, dass in jedem Zentner Erz aus der Grube 23 Lot Silber (entspricht etwa 400 Gramm) und auch etwas Gold stecken würde. Er stellte also große Gewinne in Aussicht. Die Begeisterung der Leute war daraufhin grenzenlos. Sie zeichneten Anteilsscheine, sogenannte Kuxen. Auch Johann Caspar Schiller, der Vater von Friedrich Schiller, soll sich beteiligt haben. So kamen die Mittel zusammen, um die beiden Stollen in den Fels zu treiben. Gefunden wurde aber außer ein wenig Kupfer gar nichts, bis die Leute den

So zeigt sich der Zugang zum Silberstollen »Unverhofftes Glück«

Glauben daran verloren und auf ihre Anteile verzichteten. Bergrat Riedel wurden Bergsiegel und Bergamtsbuch abgenommen; er wurde in Löwenstein verhaftet und verurteilt.

Auch wenn die Stollen nicht zugänglich sind, ein lohnendes Ausflugsziel stellen sie allemal dar. Die Pfaffenklinge mit den beiden Stollen ist seit 1986 als flächenhaftes Naturdenkmal ausgewiesen. Ein erlebnisreicher Weg führt durch eine schluchtartige Klinge dorthin und weiter über die sogenannte Himmelsleiter zu einer anderen Attraktion Wüstenrots, zum Wellingtonienplatz mit einer stattlichen Anzahl von Wellingtonien. Die kennt man eher unter dem Namen Berg-Mammutbaum. Zwei davon sind als Naturdenkmale ausgewiesen. Mit knapp 45 Metern Höhe und einem Durchmesser von 165 Zentimetern in 1,5 Meter Höhe sind sie die höchsten und dicksten Exemplare im Forstbezirk Löwenstein.

In der Nähe des Rastplatzes befindet sich die Friedrichsquelle samt Wassertretbecken, an der man sich in der Sommerhitze erfrischen kann.

Berg-Mammutbaum bei Wüstenrot

Schild am Naturdenkmal Mammutbaum

Die Giganten des Königs

Der Berg-Mammutbaum (*Seqoiadendron giganteum*) gelangte erst nach Mitte des 19. Jahrhunderts nach Europa. Gleich nach der Entdeckung der Baumart im westlichen Nordamerika hatte der württembergische König Wilhelm I. im Jahr 1864 Saatgut aus Kalifornien kommen lassen. Gärtner der Wilhelma zogen aus den Samen junge Bäume heran. Diese wurden in königlichen Wäldern und in Schlossgärten und Parkanlagen Württembergs ausgepflanzt.

Viele von diesen existieren noch und sind teils als Naturdenkmale ausgewiesen. Anlässlich des 150. Jubiläums der Wilhelma-Saat im Jahr 2014 erschien eine Jubiläumsschrift von Lutz Krüger: »Die Giganten des Königs – 150 Jahre Wellingtonien in Württemberg« mit einer Dokumentation der bekannten, noch vorhandenen Exemplare.

Informationen

Anfahrt: Wüstenrot ist am besten über die B 39 und die L 1090 erreichbar. In Wüstenrot Richtung Schmellenhof orientieren. Etwas hinter dem Ortsrand, direkt am Einstieg zur Pfaffenklinge liegt der kleine Parkplatz Silberstollen.

Bei Anreise mit öffentlichen Verkehrsmitteln: Wüstenrot ist mit dem Bus von Schwäbisch Hall und von Heilbronn aus gut erreichbar. Von der Ortsmitte aus geht man etwa eine Viertelstunde bis zum Einstieg zur Pfaffenklinge. Ein ausgeschilderter Rundwanderweg, der Silberstollenweg mit blauem Punkt, führt weiter über die sogenannte Himmelsleiter zum Wellingtonienplatz und wieder in die Ortsmitte von Wüstenrot. Die Stadt selbst wartet mit einer Sehenswürdigkeit ganz anderer Art auf: Hier steht das Gebäude, in dem einst die erste Bausparkasse Deutschlands gegründet worden ist. In ihm ist ein kleines Museum eingerichtet.

Neusaßer Linde

Wallfahrt und Markt an der Hohen Straße

Schöntal

28 Die Neusaßer Linde ist nach meiner Einschätzung eine der schönsten Linden im Bundesland. Offen steht sie da, vor dem Hintergrund der Wallfahrtskapelle und des Forsthauses. Die Siedlung Neusaß steht in enger Beziehung zum etwa einen Kilometer entfernten Kloster Schöntal, einem ehemaligen Zisterzienserkloster. Eine Version der Gründungsgeschichte lautet so: Wolfram von Bebenburg, der gelobt hatte, nach seiner Rückkehr vom Kreuzzug ein Kloster zu gründen, vermachte das Land 1152 Maulbronner Mönchen zur Gründung eines Klosters. Bereits wenige Jahre später wurde das Kloster indes ins nur etwa einen Kilometer entfernte Schöntal im Jagsttal

Die Neusaßer Linde könnte viele Geschichten erzählen

verlegt, wo sich das Klosterleben in der Folgezeit voll entwickelte. In Neusaß blieb eine hölzerne Kapelle. Fürs Jahr 1395 wird erstmals eine Marienwallfahrt erwähnt.

Neusaß liegt an einer sehr alten Straße, an der Hohen Straße, die einst von Wimpfen auf einem Höhenrücken über Heimhausen Richtung Rothenburg ob der Tauber führte. Der Straßenverlauf ist heute noch erkennbar, aber weitestgehend nur noch als Feld- und Wanderweg nutzbar. Neusaß ist die einzige Ansiedlung an dieser Straße. Sie besteht aus der Wallfahrtskapelle mit spätgotischem Kern und Umbauten beziehungsweise Erweiterungen aus dem Jahr 1667, dem Forsthaus mit Scheune, einem kleinen Nebengebäude und einem niedrigen grottenartigen Quellhäuschen mit Rundbogen nördlich der Wallfahrtskapelle. Dieses als Mariengrotte bezeichnete Häuschen wurde vermutlich um 1667 gebaut. Viele Menschen pilgern zur Wallfahrtskirche und zur Mariengrotte und erhoffen sich vom dort gefassten Quellwasser des »Heiligenbrünnle« Linderung bei allerlei Leiden. Die historischen Gebäude sind eingebettet in eine idyllische Teichlandschaft, die sanft zum Jagsttal hin abfällt. Es handelt sich dabei um die ehemaligen Fischweiher des Klosters. Zwei Teiche sind als Naturdenkmal ausgewiesen.

Mariengrotte in Neusaß

Untrennbar zu diesem Ensemble gehört die Neusaßer Linde. Sie erhielt bereits im Jahr 1955 den Naturdenkmalstatus. Es handelt sich um eine Sommer-Linde *(Tilia platyphyllos)* mit wuchtigem Stamm und ausgeprägten Wurzelanläufen. Nach Schätzung von Baumexperten ist die Linde 350 bis maximal 500 Jahre alt (und keine 800 bis 1000 Jahre, wie teils angegeben). Sie ist etwa 18 Meter hoch und hatte bei der letzten Messung im Jahr 2012 einen Stammumfang von 8,68 Metern.

Im Sommer steht sie üppig belaubt da. Im laublosen Zustand sieht man allerdings, dass ihre Hauptäste kräftig gekappt worden sind. In den vergangenen Jahrzehnten ist die Linde mehrfach saniert worden: Der hohle Hauptstamm wurde innen verstrebt, um ein Auseinanderfallen zu verhindern, und die große Krone wurde mit Seilen gesichert.

Die Linde könnte viel erzählen. Seit dem Mittelalter wurde um die Linde ein Markt abgehalten. 1876 fand dieser zum letzten Mal statt, weil es keinen Bedarf mehr dafür gab. Gehalten hat sich die einstige Nutzung im Flurnamen neben der Linde; das Flurstück heißt heute noch »Marktplatz«. Bis 1978 trug die Krone der Linde sogar eine Plattform, auf der bis zu 15 Personen zum Essen Platz nehmen konnten. Davon ist heute keine Spur mehr zu sehen.

Bleiben wir heute einfach ehrfürchtig vor der mächtigen Baumgestalt stehen und halten inne. Sie vermag vielleicht etwas Tieferes, Verborgenes in uns zu öffnen.

Informationen

Anfahrt: Neusaß gehört zur Gemeinde Schöntal im Hohenlohekreis, und liegt etwa einen Kilometer oberhalb von Kloster Schöntal im Jagsttal. Die Ansiedlung liegt auf der Route zahlreicher Wander- und Radwege. Neusaß ist sogar mit dem Bus erreichbar, die Haltestelle wird allerdings nur wenige Male am Tag angefahren. Schöntal wartet mit weiteren Naturdenkmalen auf. In dem historisch und touristisch bedeutsamen Ort mit der weltberühmten Klosteranlage sind 32 flächenhafte Naturdenkmale und 67 Einzeldenkmale ausgewiesen.

i www.schoental.de, www.kloster-schoental.de

St. Wendel zum Stein

Keltisches Quellenheiligtum am Fels

Dörzbach

29 Alle, die auf der B19 zwischen Bad Mergentheim und Künzelsau unterwegs sind, passieren das Naturschutzgebiet St. Wendel zum Stein. Das Ensemble sieht malerisch und geheimnisvoll aus. Doch es bleibt entrückt, ist nicht direkt von der Bundesstraße aus erreichbar. Felsen, Kapelle und Mesnerhaus liegen nämlich auf der anderen Seite der daran vorbeifließenden Jagst. Man wünschte sich, mit einem Kahn auf die andere Seite des Flusses übersetzen zu können. Praktischerweise wurde an der B19 ein Parkplatz angelegt, von dem aus man einen guten Blick auf die Szenerie hat und die beste Fotografierposition einnehmen kann.

Die Kapelle St. Wendel zum Stein ist direkt an den Fels gebaut

Das Ensemble ist aus mehreren Gründen bemerkenswert, wegen seiner Geologie und seiner botanischen Raritäten, wegen seiner Geschichte und der Sagen, die sich darum ranken. Konkret handelt es sich bei dem Stein um einen 10 Meter hohen Tuffsteinfelsen. Auf ihm und in seinem Umfeld wachsen botanische Raritäten wie beispielsweise der Hirschzungenfarn. Historisch interessant ist der Felsen wegen prähistorischer Funde aus der Eisenzeit und wegen seiner Funde aus der Keltenzeit. Und außerdem handelt es sich bei diesem sehr besonderen Ort wohl um ein keltisches Quellenheiligtum, das sich später das Christentum mit seinen Kapellenbauten einverleibt hat. Den hohen Wert des Ensembles hat man schon früh erkannt und alles zusammen unter Naturschutz gestellt.

Tuffsteinfelsen sind durch Kalkausfällungen aus Wasser entstanden, der Fachausdruck dafür ist Kalksinterbildung. Das ist ein Prozess, der auch in Höhlen wie der Charlottenhöhle (siehe Seite 164 ff.) stattfindet. Im fortlaufenden Prozess der Kalksinterbildung wird also Felsen nachgebildet, genügend Feuchtigkeit vorausgesetzt. Im Jagsttal

Nische im Tuffsteinfelsen

Kapelle St. Wendel zum Stein

gibt es viele Stellen mit solchen Sinterbildungen; der Tuffsteinfelsen hinter der Kapelle ist der größte und eindrucksvollste. Einen anderen gibt es im nahen Niederstetten, siehe Seite 122 ff. Und eine weitere Kalksinterbildung in Form einer Rinne, die im Volksmund den treffenden Namen »Kuhar…« trägt, ein paar Kilometer abwärts im Jagsttal kurz vor Krautheim.

Tuffstein war früher ein begehrtes Baumaterial. Etliche Häuser und Stallgebäude, Mariengrotten und weitere Bauwerke im Jagsttal sind aus Tuffstein gebaut. Die Beliebtheit als Mauerstein ist leicht erklärbar. Tuffstein lässt sich im feuchten Zustand nämlich leicht zersägen und härtet erst danach aus. Seit längerer Zeit ist es allerdings streng verboten, Tuffstein abzubauen.

Die Kapelle St. Wendel zum Stein wurde 1511–1515 im spätgotischen Stil erbaut. Der Felsen bildet ihre Rückwand. Im rückwärtigen Teil der Kapelle gelangt man durch eine Tür nach außen und über eine schmale in den Fels gehauene Treppe nach oben zu den Höhlungen in der Felswand. In der größten, gut begehbaren Nische stand die ursprüngliche Kapelle aus dem 7. Jahrhundert; bauliche Spuren sind noch deutlich erkennbar. In der als Marderhöhle bezeichneten Höhle rechts daneben fand man Spinnwirtel, Topfscherben und eine Glocke aus keltischer Zeit vor ca. 2500 Jahren. Diese Höhle wird als ritueller Platz gedeutet.

Die sogenannte Einsiedlerhöhle befindet sich weiter links hinter dem Kirchendach. Hier soll im Mittelalter eine Vagabundin, das »Peitschen-Babele«, gehaust haben.

Der Bereich um den Felsen birgt noch mehr Geheimnisvolles: Unterhalb des Mesnerhauses entspringt eine Quelle, die der Volksmund als »Kindlesbrunnen« bezeichnet, also als Ort, aus dem in der mittelalterlichen Vorstellungswelt die kleinen Kinder herkommen. (Siehe auch Kindlesbrunnen auf dem Michaelsberg Seite 42 ff.) Das Wasser aus dieser Quelle, das »Kapellenwasser« gilt als wunderwirkend.

Von den vielen Sagen, die sich um den Felsen ranken, sei folgende im Faltblatt »Pfade der Stille« abgedruckte, herausgegeben von der Gemeindeverwaltung Dörzbach, erzählt: »Es war einmal ein Schäfer, der fand auf der Waldwiese oberhalb der jetzigen Kapelle einen Schatz. Er beschloss, an der Fundstelle eine Kapelle zu bauen. Auf der Waldwiese wurden Gräben ausgehoben, die Steine behauen und das Holz zugerichtet. Als die Werkleute am nächsten Morgen kamen, um mit dem Bau zu beginnen, da waren alle Balken und Steine verschwunden. Man fand alles unten auf dem schmalen Streifen zwischen Felswand und Jagstufer. Mühsam wurde das Material wieder nach oben geschafft, doch am nächsten Morgen lagen Balken und Steine wieder unten am Fels, so gerichtet und sortiert, dass der Grundriss der Kapelle deutlich erkennbar war. Der Schäfer erkannte in dieser wunderlichen Begebenheit den Willen Gottes und ließ die Kapelle an dieser Stelle bauen.«

Bärlauch

Informationen

Anfahrt: Über die B 19. In Dörzbach Richtung Messbach abzweigen und gleich hinter der Jagstbrücke auf eine schmale Straße, die entlang der Jagst zu einem Wanderparkplatz führt, abbiegen. Von dort aus geht man noch etwa einen halben Kilometer zu Fuß zum Felsen. Der stark frequentierte Kocher-Jagst-Radweg führt oberhalb des Felsens vorbei. Dörzbach ist mit Linienbussen von Bad Mergentheim, von Künzelsau und von Möckmühl aus gut erreichbar. Die Dörzbacher feiern auf dem Festplatz oberhalb vom Tuffsteinfelsen alljährlich ihr Maienfest. Das Waldstück um den Felsen ist außerdem wegen seines großen Bärlauchbestandes interessant.

i www.doerzbach.de, www.pfade-der-stille.de

Lindenlaube

Wo das Gericht einst tagte

Mulfingen-Hollenbach

30 In Mulfingen-Hollenbach steht eine der ältesten Linden Süddeutschlands, eine Sommer-Linde (*Tilia platyphyllos*). Im Verzeichnis der Naturdenkmale wird sie schlicht als »Dorflinde« bezeichnet. Doch das charakterisiert die Linde nur unzureichend. In der Ortsgeschichte ist die Rede davon, dass sie so alt ist wie die daneben stehende evangelische Stephanuskirche, deren Ursprünge auf das 13. Jahrhundert datiert werden. Die Linde wurde jedoch nachweislich erst im Jahr 1526 als Friedenslinde gepflanzt, anlässlich eines lokalen Friedensschlusses und anlässlich des »Augsburger Religionsfriedens«. Lokalforscher gehen jedoch davon aus, dass an dieser Stelle bereits zuvor eine Linde gestanden hatte, die altersschwach geworden war.

Die Lindenlaube bildet zusammen mit der Stephanuskirche das Ortszentrum

Unter der Linde spielen nach alter Tradition die Kinder Fangen

Die jetzige Linde ist immerhin fast 500 Jahre alt und steht damit im Ranking der ältesten Linden Deutschlands noch weit oben.

Das Geschehen um die Linde ist recht gut dokumentiert. Einer Gemeinderechnung aus dem Jahr 1620 zufolge wurde das *»Meuerlin um die Linde und die Stafell by der Linden«* bezahlt. Und aus dem Jahr 1747 schätzt der Amtmann Georg Rose den Holzbedarf für ein Tragegerüst: *»... dass man zu der großen Linden, welche gleichsam der Gemeinde Rathaus ist und alles Gemeindewesen darunter traktiert wird, wenigstens 30 Stämme nötig hat«*. Im Jahr 1747 wurde sie also abgestützt. 1883 brach bei einem Sturm die Krone. Und 1979 brach sie bei einem schweren Gewitter auseinander und wurde wieder zusammengezurrt.

Heute zeigt sie sich intensiv baumpflegerisch behandelt, mit gestutzten Hauptästen. Verstrebungen und Seilverspannungen halten den Stamm, die waagerechte geführten Seitenäste und Krone zusammen. Die Hollenbacher Linde wirkt trotz ihres hohen Alters vital, sie zeigt noch eine dicht belaubte Krone, die tatsächlich den Eindruck einer Laube entstehen lässt. Die letzte Messung im Jahr 2013 ergab einen Stammumfang von 7,69 Metern, bei einer Höhe von 15 Metern.

Die Bedeutung der Linde im Ortsgeschehen wandelte sich im Laufe der Jahrhunderte: von der Friedenslinde zur Rats- und Dorflinde und schließlich im 19. Jahrhundert nach dem Ersten Weltkrieg zum Kriegerdenkmal. Dafür wurden Betonstützen mit den Namen der Gefallenen und Vermissten aufgestellt, die die Seitenäste tragen. Ein Bekannter, der aus Hollenbach stammt, erzählte mir, dass sich am Ende des Zweiten Weltkrieges im hohlen Stamm Soldaten verschanzt und aus dem Versteck heraus geschossen hätten.

In der heutigen Zeit geht es um die Linde herum zum Glück wieder friedlich zu. Bei einem meiner Besuche sah ich Kinder um die Linde herum Fangen spielen. Das scheint in Hollenbach Tradition zu haben, denn auf der am Denkmal angebrachten Tafel steht, dass der Baum zu allen Zeiten als Abenteuerspielplatz diente, auf welchem zum Leidwesen der Eltern und Lehrer manches Fangspiel ausgetragen wurde. Bänke laden dazu ein, unter der Linde Platz zu nehmen.

Die Hollenbacher Linde ist mehr als ein Baum, vielmehr auch ein Bauwerk. Die Linde steht nämlich auf einem gemauerten Sockel, in dem sich ein Gewölbe befindet. Durch ein Gittertor neben der seitlich zur Kirche hochführenden Treppe kann man in das tief in den Abhang

Nach dem 1.Weltkrieg Kriegerdenkmal

Ein begehbares Gewölbe

hineinreichende Gewölbe schauen. Wie es da am Ende wohl weitergehen mag, fragte ich mich. Mein Hollenbacher Gewährsmann gab mir die Auskunft, dass es einen unterirdischen Gang vom Lindengewölbe in die Kirche hinein gegeben habe. Der sei aber zugeschüttet worden. Ein Fluchtgang womöglich aus lange zurückliegenden mittelalterlichen Zeiten? Eine ungeklärte Frage, denn auf der am Lindenplatz angebrachten Tafel steht dazu nur, dass sich um das Lindengewölbe mangels besseren Wissens so manche Geschichte winde.

Die Geschichte der Linde ist direkt mit der danebenstehenden Stephanuskirche verknüpft. Tatsächlich ein Kleinod, das Besucher der Linde unbedingt anschauen sollten. Teile dieser Dorfkirche stammen noch aus dem 13. Jahrhundert. Wertvolle Wandmalereien aus dem 14. und 15. Jahrhundert sind zu bewundern und ebenso der Rokoko-Alter aus der Werkstatt der Künzelsauer Künstlerfamilie Sommer. Die Kirche steht den Sommer über tagsüber zur Besichtigung offen. Dem Glockengeläut kann man sogar auf YouTube lauschen. Noch mehr über die Geschichte des historisch bedeutsamen Dorfes erfahren Besucher auf informativen, an markanten Stellen aufgestellten Tafeln.

Nur etwa 30 Kilometer entfernt von Hollenbach steht eine weitere uralte Linde, die Hoflinde in Blaufelden-Wiesenbach; sie wird auf etwa 400 Jahre geschätzt. Der innen hohle, in zwei Teile gespaltene Stamm zeugt davon, wie groß gewachsen diese Winter-Linde einmal gewesen ist. Der Stammumfang beträgt etwa 9,75 Meter. Sie wirkt stark geschädigt und besitzt nur noch eine etwa 12 Meter hohe Krone.

Informationen

Anfahrt: Hollenbach ist ein Teilort der Gemeinde Mulfingen im Hohenlohekreis, unweit von Bad Mergentheim (Kurort) und Weikersheim (Schloss und Schlossgarten) gelegen, etwas abseits der Bundesstraße B 290 an der L 1020 (an der ca. 20 Kilometer östlich davon auch der Taufstein in Creglingen-Oberrimbach liegt, siehe Seite 125 ff.). Der Ort ist mit dem Bus im Nahverkehr des Hohenlohekreises erreichbar.

Tempele

Versteinerte Mühle im Schlosspark

Niederstetten

31 Welch' geheimnisvoller Name für ein Naturdenkmal. Wie soll ich es treffend beschreiben? Im Wesentlichen handelt es sich beim Tempele um einen Tuffsteinfelsen, ähnlich wie der von St. Wendel zum Stein bei Dörzbach (siehe Seite 114 ff.). Es ist aber kein reines Naturgebilde, sondern vom Menschen geformte Natur. Und zwar durch Herausschneiden des Tuffsteins zur Verwendung als Baumaterial so hergerichtet. Das ruinenartige Relikt bietet sich als ideale Bühne fürs Theaterspielen an. Und so wird es auch genutzt: als Naturtheater mit Nischen, Treppen, Toren, Brücken – eine wunderbare Kulisse für Shakespeares »Sommernachtstraum« beispielsweise, der 2016 im Tempele aufgeführt wurde. Die Darsteller bespielten dabei den ganzen Felsen. In der Spielsaison im Sommer 2020 steht das märchenhafte Stück »Alice im Wunderland« auf dem Programm.

Tuffsteinfelsen im Schlosspark

Felsnase am Vorbach

Dass auch steinerne Naturdenkmale nicht für alle Zeiten bestehen, zeigte sich gerade im Sommernachtstraumjahr, als eine große Felsnase, die über dem Pfad zum Vorbach hing, abbrach. Zum Glück kam dabei niemand zu Schaden. Seither ist der hintere Teil des Tempele mit Bauzäunen gesichert.

Das Tempele liegt am äußersten Rand des einstigen Schlossparks beziehungsweise Hofgartens, direkt am Vorbach, der einige Kilometer weiter talabwärts in die Tauber mündet. Der um 1750 in der Rokokozeit von Fürst Franz Philip zu Hatzfeld angelegte Schlosspark ist als solcher kaum noch erkennbar, es existieren nur noch Reste; bereits im 19. Jahrhundert nagte der Bau der Eisenbahn an ihm; die Trasse verläuft auch heute noch nur ein paar Meter oberhalb des Tempele.

Ein erhalten gebliebener Teil des früheren Parkgeländes ist die wassergefüllte Grotte im Tuffsteinfelsen im Eingangsbereich zum Tempele, bekannt auch als »Kindlesbrunnen«. Die Decke mit einem Oberlicht in der Mitte soll früher einmal farbig ausgemalt gewesen sein. Je nach Lichteinfall ist eine grüne Färbung heute noch zu erkennen. »Kindlesbrunnen«, nun ja, in heutigen aufgeklärten Zeiten

Durch das Oberlicht fällt Licht in die Grotte und verzaubert das Innere

Hinter dem Vorhang aus Efeu verbirgt sich die Grotte

haben Kinder auf andere Weise mit der Grotte zu tun. Für sie ist das Tempele-Areal ein Abenteuerspielplatz, wie er nicht idealer sein kann. Spielende Kinder zeigten mir bei meiner Exkursion, wie man aufs Dach der Grotte steigt und zum Oberlicht gelangt. Sie erzählten mir, dass auch einmal eine Kuh durch das Loch in der Decke gefallen sei.

Wie kann es bei einem solch geheimnisvollen Ort anders sein, als dass darüber eine Sage erzählt wird, nämlich die von der »Versteinerten Mühle«. Die lautet in Kurzform so: Ein Bettler bat eine Müllerin um Brot. Diese verweigerte die Bitte mit der Ausrede, dass sie selbst kein Brot im Haus habe. Daraufhin wurde die Mühle durch diese Lüge zur »versteinerten Mühle«.

Informationen

Anfahrt: Das Tempele liegt am südlichen Ortsrand der Stadt Niederstetten im Main-Tauber-Kreis. Das Areal ist – mit Ausnahme der abgesperrten Bereiche – frei zugänglich. Niederstetten ist mit der Bahn gut erreichbar; es ist Haltestelle der Tauberbahn an der Strecke Crailsheim – Lauda – Aschaffenburg. Vom Bahnhof aus ist es zu Fuß einen knappen Kilometer entfernt.

Taufstein

Ein Stein wahrt sein Geheimnis

Creglingen-Oberrimbach

32 Dieses Naturdenkmal bei Creglingen-Oberrimbach entdeckte ich tatsächlich beim genauen Anschauen der Landkarte, denn es ist dort als »Taufstein« eingetragen. Ich stutzte, weil ich den abgelegenen Landstrich in der Rothenburger Landhege im nordöstlichsten Zipfel des Bundeslandes an der Grenze zu Bayern eigentlich gut kenne und in der Umgebung oft unterwegs bin. Doch der Taufstein war mir nie aufgefallen. Meine Neugierde und mein Forschergeist waren geweckt. Die Karte wies mir den Weg. Und da stand ich dann vor einer kleinen Ansammlung von Kopfweiden, mittendrin der Taufstein auf einem runden, aus der Grasnarbe herausstehenden Sockel. Aus grob behauenem, flechtenüberzogenem Muschelkalk, mit drei buckligen Erhöhungen.

Kopfweiden markieren den Standplatz des Taufsteins

Der von Flechten überzogene Stein bewahrt weiter sein Geheimnis

Auf einer Tafel neben dem Ensemble, zu dem noch ein Muschelkalkquader zählt, der wie ein Wegstein aussieht, wird erklärt, worum es sich hier angeblich handelt. Demzufolge soll der Taufstein aus der Zeit um 720 (!!!) datieren. Er sei vermutlich von Bonifatius aufgestellt worden, der damals hier gewirkt haben soll. Die drei Hörner des Taufsteins wiesen demzufolge auf die Heilige Dreieinigkeit hin. Der Täufling sei in das Becken gestellt und mit Wasser übergossen worden.

Dem Schild zufolge deutet der Flurname »Hundskirche« für ein Flurstück in der Nähe darauf hin, dass es hier früher eine Kirche (der Arianer) gegeben habe, die durch eine katholische Taufkirche ersetzt worden sei, wozu der Taufstein gehört habe. Das Gewann mit dem Taufstein selbst heißt »Loch«, was vielleicht auch einen Hinweis geben mag.

Ob das, was da steht, alles stimmt, fragte ich mich. Dass zu dem Taufstein eine Kapelle gehört haben muss, ist nachvollziehbar. Aber das leicht nach Norden abfallende Gelände gibt keinen Hinweis auf eine Bebauung, Das Gelände hebt sich nicht sonderlich vom Grünland und von den Feldern ringsherum ab. Von einer Quelle keine Spur. Allerdings deuten die Gräben entlang des Weges und die Kopfweiden darauf hin, dass der Boden an dieser Stelle feucht ist. Warum also hier? Der Stein könnte ja auch von einer anderen Stelle hierher versetzt worden sein. Und ist er überhaupt so alt, wie auf dem Schild angegeben? Und hatte er überhaupt die Funktion eines Taufsteins? Wird da nicht zu viel hineininterpretiert?

Die mir zugängliche Literatur gab dazu nichts her. Da fiel mir ein, dass ich doch einmal in das Werk »Hohenloher Miniaturen« meines geschätzten Kollegen Carlheinz Gräter schauen könnte und wurde darin fündig. In einem Extra-Kapitel über den Taufstein weist Gräter darauf hin, dass der am Taufstein vorbeiführende Weg ein Teilstück der mittelalterlichen Fernstraße von Frankfurt am Main nach Rothenburg ob der Tauber und weiter nach Nürnberg gewesen sei. Man habe deshalb schon früh einen Sakralbau an diesem Ort vermutet. Ihm zufolge hat das Landesamt für Denkmalpflege in den 1960er-Jahren um den Stein in die Tiefe gegraben. Dabei fanden sich jedoch keine Spuren eines Bauwerkes, nur der Steinquader, der jetzt am Zugangsweglein steht, kam zum Vorschein. Der Taufstein bewahrt also weiter sein Geheimnis.

Informationen

Anfahrt: Der Taufstein liegt in freiem Gelände, umgeben von Kopfweiden. Ein Feldweg, der etwa auf halbem Wege zwischen Schrozberg-Spielbach und Creglingen-Oberrimbach von der L1005 abzweigt, führt daran vorbei. Am besten orientiert man sich an der Ausschilderung des RuheForst Landhege. Wenn man den Wegzeiger dorthin passiert hat, folgt im Straßenverlauf als nächstes der Abzweig zum Taufstein. Der Ort ist mit öffentlichen Verkehrsmitteln nicht direkt erreichbar. Am besten individuell anfahren. Von Rothenburg ob der Tauber aus liegt der Taufstein nur wenige Kilometer entfernt.

Schweizersweide

Huteeichen unter Rotorblättern

Langenburg

33 Die Schweizersweide in dieses Buch mit aufzunehmen, ist mir ein besonders Anliegen. An keinem anderen Naturdenkmal fahre ich so häufig vorbei wie an diesem, das die offizielle Bezeichnung »Eichenhain« trägt. In Langenburg spricht man von der Schweizersweide. Im Wechsel der Jahreszeiten bietet sich immer wieder ein anderer Anblick, eine andere Stimmung, die ich im Laufe der Jahre in Fotoserien dokumentiert habe.

Viele Menschen betrachten die Bäume heute unter ästhetischen oder Naturschutz-Aspekten oder sehen sie in jüngster Zeit als CO_2-Speicher. Die Schweizersweide zeugt noch von der früheren Nutzung als Waldweide. Die Bauern trieben einst Rinder, Schweine und Schafe unter das Laubdach der Eichen und die Tiere fraßen sich

Malerisches Ensemble von Eichen auf der Schweizersweide

an den fetthaltigen Eicheln drall. Der Begriff »Huteeiche« erinnert an diese Funktion.

Von diesen uralten Eichen sind etliche auf der Schweizersweide am Rand des Brüchlinger Waldes versammelt. Knorrige Baumgestalten, teils vital, teils mit gelichteter Krone, mit abgefallenen Ästen. Auch nachgepflanzte Eichen gibt es. Von einem Baum, der nach einem Blitzschlag abgebrannt ist, ist nur noch ein Stumpf vorhanden. Rainer Lippert führt die größte dieser Eichen mit einem Brusthöhenumfang von 6,73 Metern und einer Höhe von 20 Metern unter der Kategorie »Monumentale Eichen« auf seiner Webseite www.monumentale-eichen.de auf. Er gibt ihr Alter mit 350 Jahren an. Zwei weitere, etwas kleinere Eichen auf der Schweizersweide stehen ebenfalls auf seiner Liste.

Die Wiese mit den verstreut stehenden alten Baumgestalten mutet einem Betrachter wohl wie ein Landschaftspark an. Beweidet wird das Areal heute nicht mehr. Der Wiesenaufwuchs unter den Bäumen wird abgemäht. Der parkähnliche Landschaftseindruck hat

Ausgebrannter Baumstamm

Begehbares Naturdenkmal Schweizersweide

Kulturlandschaft bei Ludwigsruhe mit Naturdenkmal »6 Stieleichen«

sich allerdings stark verändert, seit 12 Windkraftanlagen in das angrenzende Waldgebiet gesetzt worden sind. Die überragen mit einer Nabenhöhe von bis zu 137 Metern die gut 20 Meter hohen Bäume um ein Mehrfaches. Vor der neuen Industrie-Kulisse nehmen sich die zuvor mächtig erscheinenden Bäume fast zwergenhaft aus.

Nur wenige hundert Meter entfernt vom Eichenhain stehen weitere als Naturdenkmale ausgewiesene Eichen und Eichengruppen, die der Agrarlandschaft ein landschaftsparkmäßiges Gepräge geben: u.a. die »Ludwigsruher Eiche« am Rand des Jagdparks Ludwigsruhe und eine Reihe von »6 Stieleichen« in der Nähe eines historischen Windrades. Die etwa 400 Jahre alte »Ludwigsruher Eiche«, so steht sie im Verzeichnis der Naturdenkmale, zählt mit einem Brusthöhenumfang von 7,25 Metern und einer Höhe von 26 Metern zu den herausragenden »Monumentalen Eichen« Deutschlands.

Informationen

Anfahrt: Das Naturdenkmal »Eichenhain« liegt etwa zwei Kilometer östlich des Städtchens Langenburg, etwas abseits von der L 1036, die Richtung Blaufelden und Rothenburg ob der Tauber führt, an dem Sträßchen Richtung Brüchlingen. Langenburg ist mit dem Bus von Blaufelden beziehungsweise von Schwäbisch Hall, wo es jeweils Bahnstationen gibt, aus erreichbar.

Dolinen

Blick in tiefe Schlünde

Gerabronn / Hohenloher Ebene

34 Bei Spaziergängen auf der Hohenloher Ebene muss man aufpassen, zumindest wenn man an den Kanten der tief eingeschnittenen Muschelkalktäler, entlang von Kocher, Jagst und Tauber und deren Nebenbächen unterwegs ist. Denn da können sich unvermittelt Löcher und tiefe Schlünde vor einem auftun. Die Rede ist von Dolinen oder Erdfällen, im Dialekt als »Erpfel« bezeichnet. »Schluckloch« ist eine andere Bezeichnung dafür. Bei Dolinen handelt es sich um kessel-, trichter- oder schlotförmige Hohlformen im Karst mit unterirdischem Wasserabfluss. Bei Erdfalldolinen ist die Erdoberfläche in Hohlräume im karstigen Erduntergrund nachgerutscht oder sogar eingestürzt. Tiefe und Weite der Erdfälle richtet sich nach dem Ausmaß der Höhlenbildung im Untergrund. Die Hohlräume wiederum

Doline mit Bewuchs aus Pappel und anderen Gehölzen

Über einen Baumstamm mit Trittstufen gelangt man auf den Grund der Doline

entstehen in langen Zeiträumen durch Herauswaschen des Kalks aus dem anstehenden Muschelkalk.

Auf Dolinen oder Erdfälle stößt man im Wald und inmitten von Wiesen und Feldern. In offenem Gelände sind sie von weitem meistens durch ihren Bestand an Sträuchern und Bäumen zu erkennen. Sie nehmen sich hier wie Inseln in der Agrarlandschaft aus. Häufig reihen sich Erdfälle wie in einer Perlenkette aneinander oder bilden ganze Erdfallfelder. Auf topographischen Karten sind Erdfälle an enger Schraffierung gut zu erkennen. Häufig sind solche Erdfälle eher unprosaische Orte, denn die Leute nutzten sie bis in die jüngste Zeit als Abfallgruben oder entsorgten ihren Erdaushub dort. Schrott ragt oft noch aus dem Grund.

Ich empfinde die Erdfälle immer als etwas leicht Bedrohliches: wegen ihrer Tiefe und wegen der Schlünde am Grund, in denen das Wasser verschwindet. Wo fließt das Wasser hin, frage ich mich da, welche Klüfte, welche Höhlen tun sich da im Erdreich auf? Wie sieht es hinter dem Abflussloch oder -trichter im Erdinneren aus? Wo käme ein Gegenstand, den ich da hineinwerfe, wieder zum Vorschein? Solche

Manche Dolinen sind mit Wasser gefüllt

Überlegungen sind naheliegend, wohl wissend, dass sich nur wenige Kilometer entfernt von den Gerabronner Dolinen eines der größten Höhlensysteme im Karst befindet, das Fuchslabyrinth in Schrozberg-Schmalfelden, unweit von Rothenburg ob der Tauber in Bayern. Es zählt mit einer Gesamtlänge von 14 Kilometern zu den fünf längsten Höhlen Deutschlands. Das Wasser arbeitet sich im Untergrund weiter durch Klüfte im Karst; bei den Dolinen auf Gemeindegebiet kommt es nicht weit entfernt davon an der Talkante oder in einer Klinge wieder zum Vorschein. Eine der größten Dolinen, die ich kenne, befindet sich auf der Gemarkung von Gerabronn-Michelbach an der Heide; ihr Durchmesser beträgt schätzungsweise 50 Meter und die Tiefe etwa 15 Meter. Ein Baumstamm, in den Trittstufen eingesägt sind, verdeutlicht die gewaltigen Dimensionen dieser Doline. In Lehrer- und Schülerkreisen der Gegend heißt sie deshalb treffenderweise »Bombenloch«. Um sie herum erstreckt sich ein ganzes Dolinenfeld.

Normalerweise sind die Erdfälle trocken, allenfalls von kleinen Rinnsalen durchflossen. Bei sehr starken Regenfällen oder bei der Schneeschmelze füllen sie sich manchmal bis zum Rand und laufen

Doline als Biotop in der Feldflur, bis zum Grund bewachsen mit Schlehen

ob der Wassermengen über. Da möchte ich nicht in das Strudel bildende Wasser hineingeraten, das mich womöglich zum Abfluss tief am Grund zieht. Ich stelle mir vor, dass es da schon Unglücke gegeben hat. Eine Erzählung, die eine solche Begebenheit aufgreift, ist mir für die Hohenloher Erdfälle nie zu Ohren gekommen, wohl aber für das Wollenloch unweit des Kocherursprungs (siehe Seite 154 ff.). Der Sage zufolge tauchte in der Quelle des Schwarzen Kochers der Schuh einer Schäferin auf, die ihr Mann zuvor ermordet und in den Schacht des Wollenloches geworfen hatte.

Informationen

Anfahrt: Eine Ansammlung von Dolinen befindet sich um Michelbach an der Heide, einem Teilort von Gerabronn. Die nach meiner Einschätzung größte Doline im weiten Umfeld, das sogenannte »Bombenloch«, befindet sich im Gewann Aubäcker, in einem kleinen Wäldchen nördlich der Landesstraße. Parkmöglichkeit neben der L 1033 an der Abzweigung Richtung Binselberg. Eine gut erhaltene, begehbare keltische Viereckschanze in dem dahinterliegenden etwas größeren Waldstück lohnt einen Abstecher.

Felsenmeer und Hörschbach-Wasserfälle

Von Riesen ausgestreut

Murrhardt

35 Für mich war Murrhardt immer eher Durchgangsstation auf dem Weg nach Stuttgart. Doch für dieses Buch wollte ich die Umgebung des Ortes mit ihren 57 Naturdenkmalen und ihren Naturschutzgebieten näher erkunden. Ich nahm mir die Erkundung des Naturdenkmales Felsenmeer und des Naturschutzgebietes Hörschbach-Wasserfälle vor. Vom Bahnhof Murrhardt folgte ich der Ausschilderung zum Felsenmeer. Der Weg führt auf der Riesbergstraße in östliche Richtung aus der Altstadt heraus, stetig bergan. Wer mit einem Fahrzeug unterwegs ist, kann es auf dem Wanderparkplatz Römersee unterhalb des Felsenmeeres abstellen.

Einen Spielplatz und den Römersee, einen idyllischen Teich, passierend geht der Weg immer weiter bergan, bis die ersten großen Steinbrocken das Felsenmeer ankündigen. Riesige Brocken aus Sandstein türmen sich hier übereinander. Schmale Pfade, die Trittsicherheit erfordern, schlängeln sich hindurch. Das im Vergleich mit anderen Felsenmeeren der Region beeindruckende Murrhardter Felsenmeer

Anstaubecken für den Wasserfall

breitet sich auf einem 60 Meter hohen Steilhang des Rissbergs aus, unterhalb einer bis zehn Meter hohen Felswand aus Gesteinen der Unteren Stubensandstein-Formation. Die Geologen sagen Bergsturzgelände mit Halde zu dem Geotop. Das 1,24 Hektar große Gelände wurde 1979 als flächenhaftes Naturdenkmal ausgewiesen. Es ist zugleich ein Geotop.

Noch interessanter sind die Hörschbach-Wasserfälle. Diese sind im Gelände auseinandergezogen und bestehen aus dem Hinteren und dem Vorderen Wasserfall. Ich näherte mich ihnen im Fortlauf meiner Wanderung durchs Felsenmeer von hinten über die Hochfläche her und gelangte also zunächst zum Anstaubecken oberhalb des Hinteren Wasserfalls. Mittels eines Schiebers lässt sich die Wassermenge, die dem Wasserfall zufließt, regulieren. Wenn sich genügend Wasser angestaut hat, ergießt sich beim Öffnen des Schiebers eine große Wassermenge über die Fallstufen des Wasserfalls. Ich kam gerade in einem günstigen Moment vorbei, als jemand den Schieber geöffnet hatte. Da sah ich, wie das Wasser kam. Neben dem Wasserfall führt ein steiler Fußpfad über Felsen nach unten. Bei meinem Besuch war

Wildromantische Hörschbach-Schlucht im Spiel des Frühlings-Lichts

Nach dem Öffnen des Schiebers tost das Wasser im Hinteren Wasserfall

Der Vordere Wasserfall in der Hörschbach-Schlucht

der recht glitschig, so dass ich froh darüber war, unten am Fuß des Wasserfalls heil angekommen zu sein. Da ist beim Abstieg also Vorsicht geboten.

Doch die Naturimpression am Fuß des Wasserfalls sollte man sich nicht entgehen lassen: das die Felswand herabstürzende, glitzernde Wasser, die feuchte Kühle, die davon ausgeht. Das fühlte sich an meinem Exkursionstag im Frühling gut an. Der Hintere Wasserfall stürzt zunächst 3 Meter senkrecht über eine Schilfsandsteinstufe nach unten und fließt im Anschluss in mehreren Kaskaden weitere 12 Meter über die Schichten der Bunten Mergel in Richtung Murrhardt. Entlang des Hörschbachs führt ein erlebnisreicher Pfad über Stock und Stein. Stellenweise ist es rutschig. Man muss also weiterhin aufpassen und sich gelegentlich festhalten. Überall liegen Schilfsandsteinblöcke herum, so wie beim Felsenmeer. Der Schluchtwald ist als Schonwald ausgewiesen und soll sich ohne Eingriff des Menschen auf natürliche Weise weiter entwickeln. Mit etwas Glück wird man in der Schlucht auf Feuersalamander stoßen. Flora und Fauna sind vielfältig und neben den markanten Felsbildungen Grund für die Ausweisung als Naturschutzgebiet im Jahr 1995.

Milzkraut

Sauerklee und Moose

Nach etwa zwei Kilometern auf dem abwechslungsreichen Weg gelangte ich zum Vorderen Wasserfall, der etwa 5 Meter tief über die »Engelhofer Platte«, eine kompakte Steinmergelbank im Gipskeuper herabstürzt. Die Engelhofer Platte leistet der Erosion des fließenden Wassers deutlich mehr Widerstand als die darunter anstehenden weicheren Mergelschichten. Der Anblick des Vorderen Wasserfalls soll im Winter, wenn das Wasser zu Eis erstarrt ist, besonders eindrucksvoll sein. Mir das anzuschauen, nehme ich mir für den Winter vor.

Informationen

Anfahrt: Murrhardt ist Bahnstation an der Strecke Stuttgart – Crailsheim – Nürnberg. Murrhardt liegt an der L 1066. Zum Felsenmeer über die L 1119 Richtung Käsbach/Sechselberg. Parkmöglichkeit auf dem Römsersee-Parkplatz am Ortsrand von Murrhardt.

Ich empfehle, die Hörschbach-Wasserfälle vom Parkplatz am Anfang des Hörschbachtals aus zu erkunden und den erlebnisreichen Pfad von unten nach oben zu gehen. Zurück gelangt man am besten auf der oberhalb vorbeiführenden Fahrstraße.

Schlosslinde und Hohler Stein

Winter-Linde und Sommer-Linde vereint

Alfdorf

36 Diese Linde wollte ich mir als Baumbegeisterte schon lange einmal ansehen, denn der Schlosslinde eilt ein Ruf als einer der ältesten und größten Linden Süddeutschlands voraus. Dieser Ruf bestätigte sich in der Realität. (Im Verzeichnis der Naturdenkmale wird sie als »Alte Linde beim Unteren Schloß« bezeichnet.) Ihr Alter wird auf 500 bis 680 Jahre geschätzt. Die Linde hat einen gewaltigen Stammumfang von 12,30 Metern in 1,3 Meter Höhe – nach einer Messung im Jahr 2015. Es handelt sich dabei um keinen geschlossenen Stamm. Der Stamm der Sommer-Linde ist im 19. Jahrhundert durch einen Blitzeinschlag auseinandergebrochen. Die Seitenäste blieben jedoch

Schlosslinde neben dem Torhaus in Alfdorf

intakt; sie werden durch Eichenbalken abgestützt. In die offene Mitte des auseinandergefallenen Baumes mit kandelaberartigen Seitenästen wurde 1908 eine neue Linde gepflanzt, die nach und nach die Krone bildete. Es handelt sich dabei um eine Winter-Linde. Zwei Lindenarten bilden also diese Schlosslinde, was eine absolute Seltenheit darstellt.

Allerdings ist es nicht möglich, direkt an die Linde heranzutreten, da sie auf Privatgelände im Schlosspark steht. Aber ein Blick von außen über den Zaun ist möglich. Sie steht am Rand des Schlossparks neben dem Torgebäude, das sie überragt.

In der Alfdorfer Ortsmitte steht eine weitere Linde, die Dorflinde, die mit einer Ummauerung noch den Charakter einer Dorflinde hat. Allerdings ist sie von vielen Schildern umstellt und deshalb nicht so fotogen. Auf Ortsgebiet sind weitere Linden unter Schutz gestellt.

Auf Gemeindegebiet gibt es noch ein weiteres interessantes Naturdenkmal: den Hohlen Stein. (Naturdenkmale mit dieser Bezeichnung gibt es noch an vielen weiteren Orten.) Darunter konnte ich

Inmitten des auseinandergebrochenen Stamms wächst eine junge Linde

Naturdenkmal Hohler Stein bei Alfdorf

mir zunächst nichts vorstellen. Doch vor Ort ist völlig klar, wie es zu dieser Namensgebung kam. Die gewaltige Aushöhlung im Stubensandstein brachte ein kleiner Wasserlauf zustande, der über eine harte Sandsteinschicht fällt und die darunter liegende weichere Sandsteinschicht erodiert hat. Es hat sich also eine große Hohlkehle gebildet. Die nur etwa einen Kilometer entfernt liegende Schillergrotte auf Gemeindegebiet von Lorch ist übrigens auf die gleiche Weise entstanden.

Der Hauptwanderweg 3 des Schwäbischen Albvereins sowie der Hasen-Rundweg führen am Hohlen Stein vorbei und weiter zur Schelmenklinge bei Lorch (siehe Seite 143 ff.). Dieser Weg ist am Felsen entlang sehr schmal. Wer hier vorbei will, sollte einigermaßen schwindelfrei und trittsicher sein. Aufwärts zu gehen ist hier sicherer.

Informationen

Anfahrt: Die 7000-Einwohner-Gemeinde Alfdorf mit ihren zahlreichen, weit verstreut liegenden Teilorten liegt im Rems-Murr-Kreis im Naturpark Schwäbisch-Fränkischer Wald. Der Zentralort Alfdorf ist mit dem Bus von Lorch oder von Schwäbisch Gmünd aus erreichbar. Ich näherte mich dem Ort von Lorch aus zu Fuß, was gut machbar ist. Die reizvolle Gegend mit bestens ausgeschilderten Wanderwegen lädt zum Zufußgehen ein. Auf der Webseite www.schwaebischer-wald.com gibt es viele Ausflugstipps.

Schelmenklinge und Schillergrotte

Wasserspiele wecken Spieltrieb

Lorch

37 Lorch hat viel zu bieten. Das etwas außerhalb des Ortes liegende Kloster Lorch ist eine der wichtigsten kulturhistorischen Stätten des Bundeslandes. Hier befindet sich eine Grablege der Staufer, in Sichtweite des Stammsitzes auf dem Hohenstaufen. Meine Naturdenkmalziele auf der Gemarkungsfläche von Lorch waren die Schelmenklinge und die Schillergrotte. Beide Ziele klingen allein wegen der Namen vielversprechend.

Sollte ich mir unter dem Namen »Schelmenklinge« etwas Schalkhaftes, Verspieltes vorstellen? Etwas Schalkhaftes, Verspieltes erwartete mich dort schon. Der Grund für die Namensgebung in früheren Zeiten war jedoch ein anderer, eher negativ belegter. In der abgelegenen, versteckten Klinge soll sich früher Gesindel aufgehalten haben.

Mein Startpunkt war der Bahnhof. Wer mit dem Auto unterwegs ist, kann es auf dem Parkplatz des Klosters abstellen, neben dem römischen Wachturm. Von da geht es auf gut ausgeschildertem, teils ebenem, teils ansteigendem Weg weiter. Vor meiner Exkursion hatte ich bereits über die Schelmenklinge gelesen und war jetzt gespannt darauf, was mich dort erwartet. Von Wasserspielen war da die Rede, die jedes Jahr im Frühjahr dort aufgestellt würden. Den Zeitpunkt des Aufstellens Anfang Mai passte ich ab. In natura sah dann alles noch viel interessanter aus, als ich es mir vorgestellt hatte: liebevoll gebastelte Miniatur-Mühlen der verschiedensten Art, Mahlmühlen, Sägemühlen ... – bunt angestrichen, durch das Klingenbächlein in Gang gesetzt. Da klappert, pfeift, läutet und tönt es entlang des 500 Meter langen Wegstücks. Das hörte gar nicht mehr auf. Dem Witz und Zauber dieser Mini-Bauwerke kann man sich kaum entziehen und freut sich, auch als Erwachsener wieder einmal Kind sein zu dürfen.

Diese Miniatur-Mühlen sind das Werk von Mitgliedern des

Wasserspiele in der Schelmenklinge

Keuper-Felsen in der Klinge

Schwäbischen Albvereins, denen es auch darum geht, auf das Mühlenwesen im Schwäbischen Wald aufmerksam zu machen. Das Müllereigewerbe war und ist in der waldreichen Region ein wichtiger Wirtschaftszweig. Etliche der historischen Mühlen sind noch in Betrieb.

Entlang der Miniatur-Mühlen führt der sicher zu begehende Pfad immer weiter nach oben, zum Anfang der Schelmenklinge. Das letzte Stück ist felsig und steil, aber bestens gesichert, so wie im Hochgebirge. Beim Aufstieg kommt man ins Schwitzen, kann zum Glück oben angelangt an einem kleinen Rastplatz ausruhen. Die Schelmenklinge ist selbstredend nicht wegen der künstlichen Wasserspiele als Naturdenkmal ausgewiesen, sondern wegen der natürlichen Keuper-Felsformationen.

Vom Rastplatz aus steuerte ich die Schillergrotte an. Die hatte mein Interesse geweckt, weil ich wissen wollte, welchen Bezug zu Friedrich Schiller es da wohl geben mag. Den Bezug gibt es tatsächlich: Die Familie Schiller, also Vater Johann Caspar Schiller, Mutter Elisabetha Dorothea Schiller, Schwester Josephine und Friedrich lebte von 1763 bis 1766 drei Jahre lang in Lorch, als Hauptmann Schiller zum Anwerben von Soldaten nach Schwäbisch Gmünd abkommandiert

Mächtige Felsen dominieren den oberen Teil der Schelmenklinge

war. Die Schwester Luise wurde 1766 in Lorch geboren. Von Interesse ist vielleicht noch, dass Friedrich Schillers ältester Sohn Carl lange nach Friedrich Schillers Tod als Forstmeister nach Lorch kam und hier zehn Jahre lang von 1841 bis 1850 wirkte. Ob Schiller bei seiner strengen Erziehung, die Herumstromern im Freien vermutlich nicht duldete, die Grotte jemals aufgesucht hat, scheint mir aber zweifelhaft. Die Bezeichnung bekam sie erst vor etwa hundert Jahren, um Touristen anzulocken, ohne genau zu sagen, auf welchen Schiller sich die Namensgebung bezieht. Vermutungen, dass Schiller hier zu seinen Dichtungen inspiriert worden sein könnte, wären deshalb wohl etwas weit hergeholt. Zu Schillers »Räuber« würde die wildromantische Grottenszenerie aber schon passen.

Informationen

Anfahrt: Lorch liegt im Remstal an der viel befahrenen B29 und ist Bahnstation an der Strecke Nürnberg – Aalen – Schwäbisch Gmünd – Stuttgart. Der Hauptwanderweg 3 des Schwäbischen Albvereins führt durch die Schelmenklinge und weiter zum Hohlen Stein auf Alfdorfer Gemarkung (siehe Seite 140 ff.).

Rosenstein mit Großer und Kleiner Scheuer und Teufelsklinge

Wo der Heiland mit dem Satan ringt

Heubach

38 Der Rosenstein hatte auf mich gewartet! So schien es mir jedenfalls. Wie der Name entstanden ist, darüber rätsle ich allerdings noch immer. Es handelt sich um ein klotziges Felsmassiv am Südrand des Remstals, unweit von Schwäbisch Gmünd gelegen. Nach Süden hin setzt es sich in einer gebirgigen Landschaft fort. Am nächsten dran sind die Orte Heubach und Lautern.

Ich entschied mich, meine Wanderung in Heubach zu starten. Also mit der Bahn bis Aalen und von dort mit dem Bus nach Heubach; dann zu Fuß hinauf auf den Rosenstein. Der steile Aufstieg zur Burg Rosenstein, die über Heubach thront, war schnell geschafft. Die Burg ist Teil des Naturdenkmals »Rosenstein-Westfelsen« (siehe Foto auf S. 10). In diesem Areal befindet sich die archäologisch bedeutsame Kleine Scheuer, in der viele Artefakte aus der Jungsteinzeit, aus der Zeit vor etwa 14.000 Jahren gefunden wurden. Die Forschung dort ist noch im Gange. Ein wenig hielt ich dort inne, um die Aussicht aufs Remstal zu genießen und um mir die Flora am Westfelsen anzuschauen. Dabei entdeckte ich typische Pflanzen der Burgenflora, vor allem einen großen Bestand an Schwertlilien. Dann bewegte ich mich an der nördlichen Hangkante entlang bis zu einem weiteren Aussichtspunkt auf einem Felsvorsprung, ebenfalls mit Blick über das Remstal und die jenseitige Hügellandschaft.

Schon das war sehr vielversprechend. Doch das eigentliche Ziel meiner Exkursion waren die beiden Höhlen am nordöstlichen Rand des Massivs, die »Große Scheuer« und das »Haus«, beide als Geotope ausgewiesen und zum Naturschutzgebiet Rosenstein-Ostfelsen gehörend. Die beiden Höhlen liegen unterhalb der Hangkante. Man

Durchgangshöhle Große Scheuer auf dem Rosenstein

Die Große Scheuer hat drei scheunentorhohe Ein- und Ausgänge

Naturdenkmal Kleine Scheuer am Rosenstein-Westfelsen

muss also von dem Hochplateau des Rosensteinmassivs etwas hinabsteigen. Eine steile Steintreppe führt nach unten, direkt in einen der drei torgroßen Eingänge der Großen Scheuer. Wie der Name für diese Höhle zustande kam, erklärt sich da sofort. Es sind tatsächlich hallenartige Wölbungen, durch die ein Heuwagen passen würde. So erklärte ich es mir jedenfalls.

Vom mittleren Tor führt ein schmaler Pfad seitwärts zur anderen Höhle »Haus«. Zum Eingang muss man hochkraxeln. Die vielen Fußspuren und Rutschspuren zeigten mir, dass es schon viele Wanderer gewagt hatten, zum Höhleneingang hochzusteigen und so wagte ich es ebenfalls. Diese Höhle ist kleiner als die »Große Scheuer«, nur wenige Meter tief und ein paar Meter hoch. Von unterhalb dieser Höhle aus führt ein Fußpfad hinunter nach Lautern.

Nachdem ich alles erkundet hatte, umrundete ich das Hochplateau weiter, immer am Rand entlang, vorbei an einem weiteren Aussichtsfelsen, dem Stadel-Felsen, der Richtung Aalen weist. Dabei kam

Die gewaltige Teufelsklinge – Verbannungsort für den Teufel

ich, etwa bergab steigend, an der Höhle »Finsteres Loch« vorbei, die aber mit einem Gittertor gesichert und nicht zugänglich ist. Nach diesem Abstecher hätte ich auf schnellem Weg wieder zurück nach Heubach gehen können. Doch ich weitete meine Runde aus und ging im weiten Bogen zunächst weiter in nördliche Richtung, um dann wieder nach Westen abzuschwenken. Dabei musste ich mich mangels Ausschilderung auf Karte und Gespür verlassen. Ziel war die Teufelsklinge, die ich über einen schmalen Pfad abwärts springend erreichte. So macht das Wandern Spaß! Im Verzeichnis der Naturdenkmale ist sie als »Teufelsklinge mit Karstquelle« aufgeführt. Die Teufelsklinge ist mit einem halbkreisförmigen Durchmesser von 100 Metern und einer Höhe etwa 50 Metern wirklich imposant. Etwa auf halber Höhe befindet sich die Quellnische, aus der nach starken Regenfällen und nach der Schneeschmelze Wasser austritt und frei fallend 30 Meter in die Klinge stürzt. Bei meinem Besuch kam nur ein Rinnsal. Von der Teufelsmauer aus führt der Weg im Talgrund wieder zurück ins Ortszentrum von Heubach und zur Bushaltestelle.

Zu dem dunklen, tief eingeschnittenen Loch gibt es eine eindrückliche Volkssage. Demnach soll der Heiland vor Alters her einmal auf dem Rosenstein mit dem Satan gestritten und ihn besiegt haben, worauf er ihn in die Teufelsklinge bannte, bis dass seine Zeit um sein würde, und er erlöst werden könne; und so oft sich unten der Satan rege, schwelle der Quell brausend über.

Informationen

Anfahrt: Heubach liegt im Remstal, etwas abseits der viel befahrenen B 29. Die nächste Bahnstation ist in Mögglingen. Von dort aus oder von Aalen aus gibt es Busverbindungen nach Lautern und Heubach. Wem es zu beschwerlich ist, zu Fuß auf den Rosenstein zu steigen, der kann das Auto auf einem der Wanderparkplätze auf dem Hochplateau des Rosensteinmassivs abstellen.

Napoleonsfelsen und Maria Buch

Warum die Trikolore auf dem Härtsfeld weht

Neresheim

39 Felsen gibt es auf der Schwäbischen Alb mehr als reichlich. Der Napoleonsfelsen in Neresheim dürfte indes der einzige mit der Trikolore, der französischen Nationalflagge, versehene sein. Wer am Felsen vorbeispaziert, stutzt unwillkürlich. Ein Felsklotz aus weißem Jura-Kalkstein, zerklüftet, mit Höhlungen, umgeben von Rot-Buchen und mit einer Fahne obenauf. Die Fahne und der Name des Felsens leiten Überlegungen diesbezüglich schon in eine Richtung: Der Ort hat tatsächlich mit den napoleonischen Kriegen zu tun. Neresheim und seine Umgebung, das Härtsfeld, war am 11. August 1796 Schauplatz einer großen Schlacht zwischen Truppen der Franzosen und der Österreicher. Ganze Dörfer wurden dabei zerstört. Auf beiden Seiten

Der Napoleonsfelsen mit der Trikolore – umringt von Rot-Buchen

kämpften über 40.000 Soldaten. Tausende wurden getötet. Die Schlacht endete unentschieden; die Truppen zogen nach beiderseitigen hohen Verlusten wieder ab. Napoleon hielt, obwohl er sie nicht gewann, die Schlacht für so bedeutend, dass er sie im Triumphbogen in Paris mit einer Inschrift verewigte. Hauptquartier der Franzosen unter General Moreau war das Kloster. Soldaten lagerten an dem Jurafelsen, etwa einen Kilometer nördlich vom Kloster.

In der Nacht vom 11. auf den 12. August 1796 setzten französische Soldaten die nahe gelegene Wallfahrtskapelle Maria Buch in Brand. Das Bauwerk geht auf eine wundersame Geschichte zurück, die sich nach dem 30-jährigen Krieg abgespielt hat: Auf einem Ritt des Abtes Meinrad Denisch zur Seelsorge in einem Nachbarort scheute das Pferd vor einer Buche in freiem Feld und fiel auf die Vorderfüße, als ob es niederknieen wollte. Als der Vorfall sich wiederholte, ließ der Abt den Baum untersuchen. Dabei entdeckten die Helfer in zehn Fuß Höhe eine im Stamm versteckte Marienstatue aus Ton. Die gläubigen Menschen interpretierten dies als Wink von oben. Abt Meinrad ließ daraufhin um den Baum eine Kapelle errichten. Es kamen immer mehr Pilger zur Kapelle. Diese wurde bald zu klein, so dass eine größere, zweitürmige Kapelle gebaut und im Jahr 1711 geweiht wurde. – Bis sie bei dem Brand zerstört wurde. Das daneben stehende Mesnerhaus brannte ebenfalls ab. Doch wie wundersam: Im Brandschutt entdeckte eine Frau aus dem Ort das unversehrte Gnadenbild mit der Maria.

Erst im Jahr 1889 wurde an der Stelle eine neue Kapelle gebaut, so wie sie heute noch dasteht. Ziel von Wallfahrten ist sie nach wie vor. Doch ebenso gefragt scheint sie als Ort für Hochzeitsfotos zu sein. Die Kapelle mit dem halbrunden Vorplatz bietet einen perfekten Hintergrund für stimmungsvolle Fotos vom »schönsten Tag des Lebens«.

Eine baumbestandene Rasenfläche mit darin verstreut aufgestellten Bänken davor lädt zum Meditieren in der Waldumgebung ein. Das im Namen der Kapelle enthaltene »Buch« verweist tatsächlich

Wallfahrtskapelle Maria Buch mit sagenhafter Geschichte

auf die Baumart Buche, genauer auf die Rot-Buche, die hier auf dem letzten Ausläufer der Schwäbischen Alb die vorherrschende Baumart ist. Man muss nicht kirchengläubig sein, um diesen Ort als ganz besonders zu empfinden. Noch dazu, wenn man weiß, wie sich alles entwickelt hat. Eigenartigerweise haben die Anlagen um Maria Buch den Status eines Naturdenkmals, obwohl es sich eher um eine gärtnerische Anlage handelt. Aber sei's drum. Auf jeden Fall ist es ein sagenhafter und geschichtsträchtiger Ort.

Informationen

Anfahrt: Neresheim liegt ganz im Osten des Regierungsbezirks Stuttgart im Ostalb-Kreis. Nördlingen (in Bayern) ist nicht weit. Die 8000-Einwohner-Stadt ist von Aalen (Bahnstation) aus mit der Buslinie 108 erreichbar.

Wer die Benediktinerabtei Neresheim mit ihrer berühmten, von Balthasar Neumann erbauten Klosterkirche besuchen will, fährt bis zur Haltestelle Neresheim Post. Von dort aus leitet eine Lindenallee den Weg nach oben zum Kloster.

Kocherursprung

Wie die schwarze Farbe in den Kocher kommt

Oberkochen

40 Hier nimmt also der Kocher seinen Anfang! Der zweitgrößte Nebenfluss des Neckars legt von der Quelle bis zur Mündung bei Bad Friedrichshall eine Strecke über 169 Kilometer zurück. Bei meiner Exkursion näherte ich mich zu Fuß, von Königsbronn her kommend, dem Naturdenkmal.

Der Kocherursprung präsentiert sich ganz anders als der nur wenige Kilometer entfernt liegende Brenzursprung (siehe S. 157 ff.). Bei ihm handelt es sich um eine von einem halbrunden Felsabhang gebildete Quellnische, bei der das Wasser an mehreren Stellen aus dem Grund zutage tritt. Das Wasser scheint von überall her zu kommen.

In der Quellnische des Kochers quillt das Wasser überall aus dem Grund

Die mittlere Schüttung beträgt 680 Liter in der Sekunde, also weit weniger als die Schüttung der nahegelegenen Brenzquelle. Das Wasser sammelt sich auf ganzer Weite zu einem breiten Bach an. Brunnenkresse, Bachbunge und Wilder Sellerie siedeln in ihm. Das gut zugängliche, flache Bachbett lädt zum Planschen ein, wie eine Gruppe von Kleinkindern samt Hund mir demonstrierte. Ufergehölze säumen den Rand. Besonders schöne Silberweiden markieren schon von weitem sichtbar den Lauf des jungen Schwarzen Kochers. Alles wirkt sehr idyllisch.

Der Schwarze Kocher mäandert, begleitet von dichtem Ufergebüsch, weiter Richtung Oberkochen. Am Ortseingang von Oberkochen endet das Idyll abrupt: Da steht man vor Industriebauten der Firmen Leitz und Zeiss, die in Oberkochen ihren Hauptsitz haben.

Eine Ortschaft weiter, in Unterkochen, vereinigt sich der Weiße mit dem Schwarzen Kocher zum Kocher.

Wie es wohl zu der Namensgebung Schwarzer Kocher kam, fragte ich mich; dunkel oder gar schwarz gefärbt ist das Wasser nämlich

Weiden und Pappeln säumen das Ufer des jungen Kochers

nicht. Die Namensgebung hängt nach der üblichen Deutung mit der dort einst betriebenen Schlackenwäsche zusammen, bei der dunkle Schlackenreste im Flussbett blieben und die auch heute noch zu finden sind. Anderen Quellen zufolge ist dies eine Fehldeutung, denn auf alten Karten heißt der Quellfluss Rot Kocher und der jetzt als Weißer Kocher bezeichnete Schwarzer Kocher.

Wer heute an den Kocherursprung kommt, kann sich jedenfalls kaum vorstellen, dass es hier einmal ein Eisenhüttenwerk gab, das von 1551 bis 1644 betrieben und dann vermutlich wegen Holzmangel eingestellt wurde. Der Name des angrenzenden Flurstücks »Schlackenweg« erinnert noch an die einst hier betriebene Eisenverhüttung und Schlackenwäsche, ebenso der oberhalb des Kocherursprungs gelegene Fels »Schmiedestein« mit Höhle.

Informationen

Anfahrt: Am einfachsten ist die Anreise mit einem Fahrzeug über die B 19; ein Wanderparkplatz befindet sich unmittelbar am Einstieg zum Fußweg entlang des noch jungen Kochers. Ein schön gestaltetes hölzernes Schild weist den Weg.

Die industriell geprägte Kleinstadt Oberkochen im Ostalbkreis ist sehr gut mit öffentlichen Verkehrsmitteln erreichbar. Sie liegt an der Bahnstrecke Aalen – Heidenheim – Ulm. Der Bus- und Bahnverkehr ist in beide Richtungen dicht getaktet. Vom Bahnhof der Ausschilderung Karstquellenrundweg beziehungsweise Königsbronn folgen. Der Ursprung des Schwarzen Kochers liegt etwa 1 Kilometer südlich des Ortes. Auf dem Stadtgebiet gibt es noch weitere interessante Naturdenkmale: die Felsformation Rodstein direkt östlich von Oberkochen (vom Bahnhof aus gut zu sehen) und das Große Wollenloch etwa 3 Kilometer südöstlich auf dem Wollenberg gelegen. Es ist einer der tiefsten Naturschächte auf der Schwäbischen Alb. Das hier einfließende und versickernde Wasser kommt in der Ziegelbachquelle bei Königsbronn wieder zutage.

Brenzursprung

Kaltes Wasser aus dem Karst

Königsbronn

41 Das gut erreichbare Königsbronn liegt an der Bahnstrecke Aalen – Ulm. Von der Haltestelle aus sind es nur ein paar hundert Meter ebenen Weges bis zum Brenzursprung.

Das Naturdenkmal »entpuppte« sich als weit interessanter, als ich es mir nach meiner Vorrecherche vorgestellt hatte. Der Quelltopf selbst mit seinem klaren Wasser, dem die Unterwasserpflanzen eine grüne und türkise Färbung geben, dahinter ein hoch aufragender Felsen – ein beeindruckendes Ensemble, das man unbedingt einmal gesehen haben muss. Ich jedenfalls war fasziniert. Wie es wohl wäre, da hineinzusteigen und unterzutauchen in das Wasserreich, das dicht besetzt von Wasserpflanzen ist? Einmal Nixe sein.

Mit dem Quellwasser kam ich dann beim Wassertreten in der Kneippanlage nebendran in Kontakt. In dem kalten, nur 8 °C temperierten Wasser hielt selbst ich als robuste Wassernixe es nicht lange aus. Doch der kurze Kontakt mit dem Wasser belebte mich ungemein.

Der Brenzursprung ist nicht nur Naturdenkmal, sondern mit den Anlagen zur Nutzung der Wasserkraft Kultur- und Technikdenkmal gleichermaßen. Die Quelle mit ihrer starken Schüttung wird seit Jahrhunderten zur Energiegewinnung eingesetzt. Um genau zu sein, seit dem Jahr 1529, als der damalige Abt des Zisterzienserklosters eine Eisenschmiede bauen ließ. Das Kloster wurde bereits 1553 aufgelöst; die Wasserkraft wurde weiter genutzt.

Zum Gebäudeensemble gehört noch die langgestreckte einstige Turbinenhalle, die heute als Veranstaltungshalle genutzt wird. Unterhalb der Maschinenhalle und unterhalb der Kneipp-Tretanlage ist das Bett der Brenz bereits breit. Im klaren Wasser stehen die Forellen. Denen schaute ich von der über die junge Brenz führenden Brücke eine ganze Weile lang zu.

Faszinierende Unterwasserwelten zeigen sich im Brenzursprung

In Königsbronn gibt es noch eine andere Quelle, die Pfefferquelle an der gegenüberliegenden Talseite mit ebenfalls starker Schüttung. Auch ihre Wasserkraft wird seit historischen Zeiten genutzt. An ihr entstand die Keimzelle der Schwäbischen Hüttenwerke (SHW), das erste Hüttenwerk in schwäbischen Landen. So kann Königsbronn als Keimzelle der Industrie in Württemberg gelten. Von den vielen einst existierenden Hüttenwerken in Königsbronn ist eine Feilerei noch in Betrieb.

Der Brenzursprung beziehungsweise der Brenztopf ist das Pendant zum bekannteren Blautopf in Blaubeuren, nicht weit entfernt von Königsbronn ebenfalls am Rand der Schwäbischen Alb gelegen. Die Mörike-Sage von der »Schönen Lau« würde auch zum Brenzursprung passen. Doch diese Sage bewahre ich mir für den folgenden Band »50 sagenhafte Naturdenkmale in Baden-Württemberg Süd« auf.

Karstquellen wie die Brenzquelle kommen durch Versickerungen, durch Klüfte auf der Hochfläche der Schwäbischen Alb zustande. Dort gibt es keine Bach- und Flusssysteme, da das Wasser gleich im karstigen Untergrund des Juragesteins versickert. Es sammelt sich in einem unterirdischen Flusssystem und tritt dann an bestimmten Stellen mit starker Schüttung zutage.

Informationen

Anfahrt: Königsbronn liegt an der B 19 und ist mit Bahn und Bus von Heidenheim und Aalen aus sehr gut erreichbar.

Der Ort ist noch aus einem anderen Grund einen Besuch wert: Hier befindet sich die Georg-Elser-Gedenkstätte. Der Hitler-Attentäter Georg Elser wohnte eine Zeit lang in Königsbronn. Ebenso erinnert ein Denkmal neben dem Bahnhof an ihn.

Erwähnenswert ist zudem, dass auf Gemeindegebiet die Europäische Talwasserscheide verläuft: Die Brenz fließt Richtung Donau; der im Nachbarort entspringende Kocher fließt Richtung Neckar und Rhein.

Eselsburger Tal mit Steinernen Jungfrauen

Ein böse Verwünschung

Herbrechtingen

42 Kein Reiseführer über die Schwäbische Alb kommt ohne die Steinernen Jungfrauen aus. So war schnell klar, dass die auch in dieses Buch aufgenommen werden müssen, nicht zuletzt wegen der dazugehörigen Sage. Die Phantasie war schon bei der Vorbereitung angeregt. Wie diese Felsnadeln wohl zu ihrem Namen kamen. Dazu gibt es eine schöne Sage, die ich dem Buch ›Eselsburger Tal‹ des Heimatvereins Herbrechtingen entnehme: »Vor vielen Jahrhunderten stand einst über dem Ort Eselsburg, auf dem schroff aufragenden Felsen, eine stattliche Burg. Die Herren der Burg waren die Ritter ›Esel von Eselsburg‹. Das Burgfräulein war sehr schön, aber hart und stolz. Kein Freier war ihr gut genug. Und so kam es, wie es kommen musste: Das Burgfräulein wurde älter, und die Freier blieben aus. Diese Schande ertrug sie nicht. Sie fing an, die Männer zu hassen.

Eselsburger Tal mit Wacholderheiden und der Eselsburg rechts außen

Dieser Hass war so abgrundtief, dass sie sogar den zwei jungen Mägden, die auf der Burg dienten, verbot, jemals mit einem Mann zu sprechen. Die beiden jungen Mädchen mussten jeden Abend ins Tal hinabsteigen, um Wasser für den anderen Tag zu schöpfen. Lange Zeit hielten sich die beiden Mägde an das Verbot, denn sie fürchteten sich vor der Strafe ihrer strengen Burgherrin. Ein langer, kalter und einsamer Winter auf der Burg war endlich zu Ende gegangen. Die Mädchen freuten sich über den ersten warmen Frühlingstag. Sie sehnten den Abend herbei, denn das Wasserholen war ihre liebste Beschäftigung. Danach hatten sie Feierabend.

Schon auf halbem Wege hörten sie sanfte Musik. Wie gerne lauschten sie! Hastig schöpften sie dann Wasser und eilten den steilen Weg zur Burg hoch. Die Burgherrin erwartete sie ungeduldig. So ging das jeden Abend. Von Tag zu Tag lauschten sie länger und bald hatten sie das strenge Gebot ihrer Herrin vergessen. Sie plauderten mit dem jungen Fischer, sangen Lieder und schaukelten im Boot, bis die Sonne untergegangen war.

Die Burgherrin schöpfte Verdacht und machte sich selbst auf den

Vom Burgfräulein verwunschen: die Steinernen Jungfrauen

Weg, um nach den Mädchen zu schauen. Finster sah sie aus, und ihre Gedanken waren böse. Der Hass wurde beim Anblick der verliebten jungen Mädchen so übermächtig, dass sie wütend hervorstieß: ›Werdet zu Stein! Das ist Eure Strafe für Euren Ungehorsam!‹

Die Mädchen erstarrten auf ihrer Flucht und stehen seitdem als Felsen am Fischweiher. Die Burgherrin wurde in der folgenden Nacht vom Blitz erschlagen, als sie, noch stolzer als zuvor, voller Genugtuung vom Turm der Burg hinab ins Tal schaute. Das Feuer vernichtete die ganze Eselsburg.«

Ich war neugierig und machte mich an einem schönen Frühlingstag auf den Weg. Herbrechtingen hat praktischerweise eine Bahnstation. Der Weg vom Bahnhof aus verläuft zunächst eben durch das Ortsgebiet, dann bereits entlang der Brenz, wobei dieser Talabschnitt mit der Talschlinge zum Ort Eselsburg als Eselsburger Tal bezeichnet wird. Die Steinernen Jungfrauen sind schon von weitem zu sehen. Wacholderheiden linker Hand, das Brenztal rechter Hand. Die Brenz, die nicht weit entfernt in Königsbronn entspringt (siehe Seite 157 ff.)

ist hier schon ein breiter Fluss. Am Wegverlauf stehen Tafeln, die alles erklären: Geologie, Flora und Fauna, Landnutzung. Auf den Wacholderheiden wachsen Küchenschellen dicht an dicht. Bei meiner Frühlingswanderung durchs Tal fingen sie gerade an zu blühen. Der Hauptansturm von Besuchern, die auch wegen der Küchenschellen hierher kommen, stand noch aus. Dafür fand ich im weiteren Verlauf des Weges große Bestände von Leberblümchen und Märzenbecher.

Küchenschelle

Die Steinernen Jungfrauen sind Teil einer Felsformation, die bei Kletterern beliebt ist. Die »Jungfrauen« selbst dürfen nicht erklettert werden; sie sind zu fragil. Ohne den Eingriff, ohne das Sichern durch Menschen wären die Felsnadeln schon längst abgebrochen. Eisenbänder halten die Felsbrocken zusammen. Doch das tut dem Reiz keinen Abbruch. Es ist einfach ein unvergleichlich schönes Bild, vor allem wenn sie sich in dem daneben liegenden Teich spiegeln: nur Felsen, Himmel und Wasser bestimmen das Bild.

Informationen

Anfahrt: Herbrechtingen liegt an der B 19 und unweit der Autobahn A 7, Ausfahrt Giengen an der Brenz/Herbrechtingen.

Der Ort ist auch mit Bahn und Bus sehr gut erreichbar. Er liegt an der Bahnlinie Aalen – Heidenheim – Ulm. Vom Bahnhof aus muss man zu Fuß zum Eselsburger Tal gehen.

Die Fahrstraße führt weiter in den Ort Eselsburg, in dem es ein sehr schönes Ausflugslokal und einen Hofladen gibt. Unbedingt die Wanderung bis dorthin verlängern und einen Blick zum Felsen neben dem Ort werfen, wo einst die Burg existierte und das Burgfräulein ihre Verwünschung aussprach. Wer gut zu Fuß ist, kann die Wanderung verlängern – über die Autobahn A 7 bis zur Charlottenhöhle in Hürben, einem Stadtteil von Giengen an der Brenz.

Charlottenhöhle

Der Berggeist als Hüter

Giengen an der Brenz-Hürben

43 Karstig ist das Gelände im weiten Umkreis. Da verwundert es nicht, dass es auch Höhlen gibt, und zwar große, die weit in den Fels hineinreichen.

Bei der Erkundung des Eselsburger Tals mit den Steinernen Jungfrauen war ich der Charlottenhöhle schon ganz nah. Bei der zweiten Exkursion schaffte ich es dann bis zu ihr: Bahnfahrt bis Herbrechtingen, Wanderung durchs Eselsburger Tal, und weiter, die Autobahn überquerend, nach Hürben. Hier schaute ich mir mitten im Ort eine Karstquelle an, einen Quelltopf, von der Art wie der Brenzursprung in Königsbronn, nur viel kleiner. Hier entspringt der Bach Hürbe, der nach sieben Kilometern in die Brenz mündet.

Etwa einen Kilometer südlich von Hürben befindet sich die Höhle. Deren Eingang versteckt sich hinter allerlei touristischen Bauten, hinter einem groß dimensionierten Abenteuerspielplatz, hinter Restaurant und Museum. Um diese Eventbauten herrschte einiger Trubel; den steilen Weg bergauf zum Höhleneingang fanden dagegen nur wenige. Vor der Höhle befindet sich der kleine Kiosk, wo die Eintrittskarten verkauft werden. So kam ich in den Genuss einer Höhlenwanderung mit nur einer Hand voll Besucher und konnte in Ruhe die Tropfsteingebilde betrachten.

Der Berggeist wacht

Diese Höhle befindet sich im Unterschied zur ähnlich bedeutsamen Eberstadter Tropfsteinhöhle (siehe Seite 35 ff.), die im Unteren Muschelkalk liegt, in der geologischen Stufe des Weißen Jura. Beide gehören sie zum Typ der Flusshöhlen, deren Schlüssellochprofil einst von einem Fluss ausgehöhlt worden ist. Die Schauhöhle ist 532 Meter lang und liegt etwa 30 Meter unter der Oberfläche der Schwäbischen Alb. Der ziemlich ebene Weg führt durch zahlreiche Kammern, teils von hallenartigen Dimensionen mit Namen wie etwa Königssaal oder Kristallgrotte. Die Höhle weist vor allem Bodentropfsteine auf.

Die Höhle ist im Jahr 1893 erstmals erkundet worden. Mutige Männer aus Hürben stiegen mit einer Strickleiter durch das schon lange bekannte Hundsloch ein, durch das die Hürbener ihre Tierkadaver geworfen hatten. Am Fuß der Leiter stießen sie dementsprechend auf einen Knochenhaufen von Haustieren. Empfangen wurden die Männer gleich von einem großen Bodentropfstein, in dem sie einen Berggeist verkörpert sahen. In der Gemeinde wurde schnell beschlossen, dass die Höhle der Öffentlichkeit zugänglich gemacht

Die faszinierenden Formen der Tropfsteine ziehen Besucher in ihren Bann

Eingang zur Charlottenhöhle

Der Berggeist lädt in die Höhle ein

werden soll. Das geschah sehr zügig; die damalige württembergische Königin Charlotte wurde Namenspatin und besichtigte sie noch im Jahr 1893. Große Teile der Höhle wurden gleich 1893 mit elektrischer Beleuchtung ausgestattet, seit jüngster Zeit leuchten LED-Lampen. So blieb die Höhle frei von Ruß und die Tropfsteine blieben weiß. Im Schein des Lichts bildete sich die typische Lampenflora aus Moosen und Farnen aus.

Die Höhle ist intensiv erforscht, auch ihre Tier- und Pflanzenwelt. Viele Tiere hielten sich im Laufe der Millionen Jahre in der Höhle auf, u.a. auch Höhlenbären, die anhand von Knochen identifiziert werden konnten.

Informationen

Anfahrt: Erreichbar über die Autobahn A 7, Ausfahrt Giengen an der Brenz/Herbrechtingen. Nächste Bahnstation ist in Giengen an der Brenz. Von dort gibt es Busverbindungen. Das Naturdenkmal Charlottenhöhle liegt auf dem Gemeindegebiet von Giengen-Hürben am Rande der Ostalb. Seit 2004 gehört sie zum UNESCO-Geopark Schwäbische Alb. Jährlich kommen etwa 40.000 Besucher.

Vogelherdhöhle

Wo das Lonetalpferd zu Hause ist

Niederstotzingen-Stetten

44 Um zur Vogelherdhöhle zu gelangen, wählte ich die Annäherung zu Fuß. Ein Blick auf die Karte sagte mir, dass ich die Eselsburger-Tal-Exkursion und die Charlottenhöhlen-Besichtigung mit dem Besuch der Vogelherdhöhle verbinden kann. Zielpunkt wäre dann der Bahnhof in Niederstotzingen. Ein langer Fußmarsch zwar, aber machbar. Praktischerweise ist der Wanderweg dorthin bereits am Eingang zur Charlottenhöhle ausgeschildert. Ich stutzte nur, weil auf dem Schild nur »Archäopark Vogelherd« stand. Warum das so ist, wurde mir vor Ort klar. Der angenehm zu gehende Wanderweg führte an der eindrucksvollen Burg Kaltenburg vorbei, bei der sich umfangreiche Mauerreste aus dem 12. Jahrhundert erhalten haben. Dort finden derzeit umfangreiche Restaurierungsarbeiten statt.

Karstiges Gelände um den Eingang zur Vogelherdhöhle

Bei der Annäherung an mein Ziel sah ich schon von weitem, dass sich seit meinem letzten Besuch vieles geändert hat. Wo vor 20 Jahren nur Wiesen und Felsen waren, befindet sich jetzt ein eingezäuntes Areal mit Gebäuden, Wegen, seltsamen Objekten und Spieleinrichtungen. Ein Parkplatz davor. Die Umgebung der Vogelherdhöhle ist nun ein kostenpflichtiger Freizeitpark.

Mir ging es allerdings nur um das einzigartige Zeugnis der Menschheitsgeschichte, um die äußerst bedeutende archäologische Fundstätte der Jungsteinzeit vor Ort. In der Vogelherdhöhle entdeckten Archäologen im Jahr 1931 elf Figuren aus Mammut-Elfenbein, die nach der Höhle benannten Vogelherd-Figuren, seinerzeit ein Sensationsfund. Über 2000 weitere Funde von Werkzeugen und Artefakten sind dokumentiert. Die Vogelherd-Figuren gehören zu den berühmtesten Werken jungsteinzeitlicher Kleinkunst. Wer diese Figuren einmal zu Gesicht bekommen hat, kann nur staunen: beispielsweise vor dem Wildpferd, einem naturalistisch dargestellten Hengst

Die Vogelherdhöhle ist eine Durchgangshöhle

Vogelherdfund: Mammut

Vogelherdfund: Wildpferd

in Imponierhaltung, nur 4,8 Zentimeter lang und 32.000 Jahre alt. Oder dem Mammut. Weitere Figuren stellen ein Ren, ein Bison, einen Höhlenbären sowie mehrere Großkatzen dar. Die Funde sind zum größten Teil auf Schloss Hohentübingen ausgestellt, zwei originale Fundstücke sind im Museum des Archäoparks zu sehen.

Einige Zeit galten die Vogelherd-Figuren als die ältesten figürlichen Kunstwerke überhaupt. Bei jüngeren Grabungen und Forschungen an anderen Stellen in Baden-Württemberg kamen jedoch ebenso alte oder noch ältere Kunstwerke zutage: der Löwenmensch im Hohlenstein-Stadel auf benachbartem Gemeindegebiet Herbrechtingen, im Geißenklösterle bei Blaubeuren im Alb-Donau-Kreis und im Hohlen Fels bei Schelklingen, ebenfalls im Alb-Donau-Kreis.

Informationen

Anfahrt mit dem PKW über die Autobahn A 7, Ausfahrt Niederstotzingen. Von Niederstotzingen auf der Landstraße L 1169 in Richtung Bissingen ob Lontal. Bei Anreise mit der Bahn bis Niederstotzingen, von dort aus mit dem Bus. Die Höhle wurde im Jahr 2017 als eine von sechs Höhlen der Weltkulturerbestätten Höhlen und Eiszeitkunst der Schwäbischen Alb in das UNESCO-Welterbe aufgenommen.

Brunnensteighöhle mit Autalwasserfällen

Wo Lunaria und Leucojum wachen

Bad Überkingen

45 An einem schönen Sommertag machte ich mich auf den Weg, um die Autalwasserfälle mit der Brunnensteighöhle zu erkunden. Der Weg führte in Bad Überkingen an Kuranlagen vorbei in ein weites Wiesental und auf den hoch ansteigenden Albtrauf zu. Zunächst ein allmählicher Anstieg, dann steiler werdend. Ein breiter Streifen von wasserüberrieselten, bemoosten Kalktuffbildungen zeigten an, dass ich die Autalwasserfälle erreicht hatte. Der Fußpfad führte höher über Stock und Stein, über Stege und Serpentinenpfade, immer von dem glucksenden, gischtenden Wasser begleitet. Eine wahre Freude. Als freundlichen Begleiter am Pfad entlang sah ich Ausdauerndes Silberblatt (*Lunaria rediviva*), das im feuchten, schattigen Laubwald

Aus der Brunnensteighöhle versorgten sich die Älbler einst mit Wasser

bei hoher Luftfeuchtigkeit genau die richtigen Lebensbedingungen findet. Bis ich schließlich auf dem ebenen Vorplatz der Brunnensteighöhle anlangte.

Das aus der Höhle unter waagerecht geschichteten Jurafelsen austretende Wasser fließt in einer Rinne bis zum Felsabbruch. Die Brunnensteighöhle ist ein geschütztes Geotop unter der Bezeichnung »Brunnensteighöhle mit Wasserfall«. Sie ist Teil des Naturschutzgebietes Autal, zu dem auch der nordseitige Steilhang zur Albhochfläche mit tiefen Schluchten gehört. In diesem Gelände sind die Steilhänge immer in Bewegung; besonders nach der Schneeschmelze und nach starken Regenfällen kommt es zu Rutschungen – infolgedessen entstehen kleine Lichtungen. Bei den Neidlinger Wasserfällen (siehe Seite 177 ff.) in derselben geologischen Formation ist die Situation ganz ähnlich. Aus dem Grund sind dort viele Wege derzeit gesperrt.

Die Brunnensteighöhle ist nicht nur aus geologischer, sondern auch aus kulturhistorischer Sicht von Bedeutung. Die aus dem Fels

Autalwasserfälle mit Kalktuffbildungen

Blick vom Albtrauf ins Filstal

tretende Quelle diente der Bevölkerung von dem darüber auf der Hochfläche liegenden Dorf Aufhausen zur Trinkwasserversorgung. Die Dorfleute holten das Wasser in Fässern und Bottichen, die früher auch als »Bollen« bezeichnet wurden, und brachten diese über einen stark befestigten Weg am steilen Hang nach Aufhausen.

Wo der Höhlenbach aus dem Jurafels austritt, hat er schon einen langen Lauf hinter sich. Der Hauptgang der Höhle reicht beachtliche 876 Meter tief in den Fels. Die Brunnensteighöhle ist von Höhlenforschern gut erforscht und vermessen. Sie zu befahren gilt als gefährlich, da die engen, niedrigen und wasserführenden Gänge nur wenig Luftraum lassen und so selbst bei einem nur geringen Wasseranstieg die Luft abschneiden. Nur an einigen Stellen erweitert sich die Höhle, so dass man aufrecht darin stehen kann.

Das Autal mit seinem Schluchtwald ist auch bekannt für seine Märzenbecherblüte. Die Frühlingsblumen überziehen den Waldboden. Dieses reiche Vorkommen war der Grund für die Ausweisung des Autales als Naturschutzgebiet. Zum Märzenbecher (*Leucojum vernum*) gesellen sich andere Frühlingsblüher wie Hohler Lerchensporn, Moschuskraut, Große Schlüsselblume, Wald-Gelbstern und Schuppenwurz. Auch den seltenen Hirschzungenfarn trifft man an.

Märzenbecher

Informationen

Anfahrt: Mit dem PKW über die B 10/ B 466 bis Geislingen, von dort ins Filstal Richtung Wiesensteig abzweigen. Mit der Bahn bis Geislingen Hauptbahnhof (an der Strecke Stuttgart – Lonsee – Ulm), von dort mit dem Bus 56 Richtung Wiesensteig. An der Haltestelle Bad in der Ortsmitte oder an der Haltestelle Autalhalle aussteigen. Von dort zu Fuß ins Autal und weiter auf gut ausgeschilderten Wegen bis Aufhausen. Der Traufweg, von dem aus sich bisweilen schöne Ausblicke ins Filstal ergeben, führt über Türkheim wieder zurück nach Bad Überkingen oder weiter nach Geislingen.

Burgruine Reußenstein

Das Werk des Riesen Heim

Neidlingen

46 Die Burgruine Reußenstein darf in diesem Buch nicht fehlen. Ein Höhepunkt nicht nur als Naturdenkmal in einer grandiosen Landschaft, sondern auch als herausragendes baden-württembergisches Kulturdenkmal. – Und wegen der Sage vom Riesen Heim, die sich darum rankt.

Schon lange ist die Felsenburg Reußenstein oberhalb von Neidlingen, erbaut 1270 in 760 Metern über dem Meeresspiegel, ein beliebtes Ausflugsziel. Zu Zeiten der Romantik schwärmten die schwäbischen Dichter hierher. Eduard Mörike, der 1832 Pfarrverweser im nahen Ochsenwang war, wanderte zum Reußenstein und berichtete von »einem großen Anblick«. Vor ihm war bereits der schwäbische Dichter Gustav Schwab hier gewesen und rühmte die herrlichen

Burgruine Reußenstein mit dem Ort Neidlingen zu Füßen

Burgruine Reußenstein mit jäh abfallenden Felsen

Felsen des Reußensteins, die wie Kristalle aus dem Wald hoch aufsprießen. Noch mehr bekannt gemacht hat den Reußenstein jedoch der Dichter Wilhelm Hauff mit seiner Sage »Der Riese Heim«. Hier meine nacherzählte Kurzversion: Ein Riese saß in seiner Höhle in dem Berg Heimenstein gegenüber der jetzigen Burg Reußenstein. Der Riese war reich und kam auf die Idee, auf dem gegenüber liegenden Berg eine Burg bauen zu lassen und rief dazu Handwerker aus dem ganzen Land auf. Die kamen auch und bauten fleißig an der Burg. Als der Riese einziehen wollte, sah er, dass am obersten Fenster der Burg außen ein Nagel fehlte. Das erzürnte ihn so sehr, dass er die Handwerker nicht eher auszahlen wollte, als bis dieser Schaden behoben ist. Keiner der Handwerker traute sich jedoch, diesen Nagel so hoch oben über den Felsen einzuschlagen, trotz eines versprochenen vielfachen Lohns. Ein Schlosserlehrling jedoch, der in die Tochter seines Meisters verliebt war, wollte es wagen, um seinen Meister dazu zu bewegen, ihm seine Tochter zur Frau zu geben. Als er schon im Begriff war auszusteigen, kam der Riese hinzu, freute sich und sagte zu ihm, dass er mehr Herz habe als das Lumpengesindel da und dass er ihm helfen wolle. Da nahm er ihn im Genick, hob ihn zum Fenster hinaus in die Luft und sagte zu ihm, dass er draufhauen solle. So schlug der Schlosserlehrling den Nagel in den Stein. Den Schlossermeister forderte der Riese auf, dem jungen Mann sein Töchterlein zu geben. Am Ende der Geschichte sagt er zu dem Schlossergesellen: »Jetzt geh heim, du herzhafter Bursche, hole deines Meisters Töchterlein und ziehe ein in diese Burg, denn sie ist dein.«

Nicht nur die Dichter faszinierte die Burgruine, ebenso die Maler, Zeichner und Fotografen. Seit der Zeit der Romantik bilden sie die Ruine in allen möglichen Techniken, Perspektiven und Stimmungen ab.

Die Burgruine wurde im Jahr 2012 aufwändig restauriert. Man fragt sich unwillkürlich, wie Maurer und Zimmerleute es im Mittelalter zustande gebracht haben, auf solch einen jäh abfallenden Felsen die Burg zu bauen. Die Angst der Handwerker in der Sage, an der Außenseite der Burg einen Nagel einzuschlagen, kann jeder Besucher der Burg gut nachvollziehen. Die Kletterer schreckt dies nicht: Sie seilen sich in voller Kletterausrüstung an den senkrecht abfallenden Felsen ab und jauchzen noch dabei.

Zu Füßen des Burgkomplexes

Kletterparadies Reußenstein

Ich empfehle, die Reußensteinwanderung mit der zum Heimensteinfelsen und damit zur Heimensteinhöhle (ebenfalls ein Naturdenkmal) zu verbinden, gewissermaßen auf der Spur des Riesen Heim, um seine Perspektive auf den Reußenstein einzunehmen. Die sogenannte Durchgangshöhle auf 756 Metern über dem Meeresspiegel ist frei zugänglich, aber nur für versierte Höhlengänger empfehlenswert. (Ich wagte es nicht, mit meiner normalen Wanderausrüstung und ohne Begleitung, den steilen lehmigen Abhang, der in die Höhle hineinführt, hinunterzurutschen.) Von der Sohle der Höhle aus biegt der Gang zunächst nach Nordosten und dann nach Norden ab, wie im »Höhlenführer Schwäbische Alb« nachzulesen ist, und öffnet sich mit einem großen Höhlentor ins Freie – mit Blick zum Reußenstein.

Informationen

Anfahrt: Die Burgruine Reußenstein liegt direkt an der Grenze vom Landkreis Esslingen und vom Landkreis Göppingen auf Gemeindegebiet von Wiesensteig und Neidlingen. Vom Wanderparkplatz Reußenstein an der Straße Richtung Schopfloch ist der Zugang auf eben verlaufendem Weg am einfachsten. Viel reizvoller finde ich es, sich der Burgruine wandernd zu nähern und sie so aus verschiedenen Blickwinkeln zu sehen. Das kann man auf einem ausgeschilderten Rundweg, auf einem der Löwenpfade im Landkreis Göppingen tun (www.löwenpfade.de). Wer nicht die ganze Löwenpfad-Rundtour gehen möchte, kann nur ein Teilstück vom Wanderparkplatz Bahnhöfle aus wandern. Von dem am Trauf der Alb verlaufenden Pfad aus blickt man auf die gegenüberliegende beeindruckende Felswand, die Weiße Wand – ebenfalls ein Naturdenkmal. Eine Aneinanderreihung von Felsnadeln, etwas abgerückt von dem dahinterliegenden Felsensockel der Schwäbischen Alb, mit dem Heimensteinfelsen als nördlichem Abschluss. Der Fußweg vom Neidlinger Tal zum Reußenstein ist momentan nicht zu empfehlen. Dieser Wanderweg ist bis auf unbestimmte Zeit wegen Hangrutschungen gesperrt.

Neidlinger Wasserfälle

Der Fußtritt des Riesen

Neidlingen

47 Die Neidlinger Wasserfälle liegen schräg unterhalb der Burgruine Reußenstein (siehe Seite 173 ff.). Von der Burgruine aus sind sie momentan jedoch nur für trittsichere Wanderer erreichbar. Der bequeme Wanderweg ist wegen Hangrutschungen gesperrt. Gut zugänglich sind sie dagegen vom Ort Neidlingen aus.

Ein eindrückliches Naturschauspiel. Von einer Quelle aus fließt das Wasser zunächst über Felskaskaden und stürzt sich dann über eine aus Kalktuff gebildete Nase in freiem Fall sieben bis acht Meter tief hinab. Solche sich vorschiebenden Tuffsteinnasen sind nicht sehr stabil. Die im Neidlinger Wasserfall brach in einem eisigen Winter ab und ist seither nicht mehr so eindrucksvoll wie zuvor.

Die Neidlinger Wasserfälle sind schon lange eine Touristenattraktion

Der Bach Lindach unterhalb der Wasserfälle und Hirschzungenfarn im Lindachtal

Die Neidlinger Wasserfälle erhielten im Frühjahr 2019 eine Auszeichnung. Sie dürfen sich jetzt als Geopoint bezeichnen. Auf der frisch aufgestellten Tafel gibt es die nötigen geologischen Informationen. Ein beliebtes Ausflugsziel im Großraum Stuttgart sind die Neidlinger Wasserfälle schon lange. Jetzt werden vielleicht noch etwas mehr Besucher kommen.

Wilhelm Hauffs Sage vom Riesen Heim hat sich verselbständigt: In einer Version wird der Riese auch für die Entstehung des Bachs Lindach, der das Neidlinger Tal ausformte, verantwortlich gemacht. Er sei beim Überschreiten des Tales mit einem Fuß im Talgrund stecken geblieben, und dabei sei die Lindach entstanden.

Informationen

Anfahrt: Neidlingen liegt unweit der A 8. Die nächstgelegene Ausfahrt ist Aichelberg. Von dort gelangt man über Weilheim an der Teck und die L 1200 nach Neidlingen. Neidlingen ist mit öffentlichen Verkehrsmitteln zu erreichen: vom Raum Stuttgart aus mit der S1 bis Kirchheim an der Teck. Von dort mit dem Bus 177 weiter nach Neidlingen, Haltestelle Schlossgärten.

Kesselfinkenloch

Wo der Kesselfink in die Irre leitet

Lenningen-Oberlenningen und Grabenstetten

48 Als ich den Namen las, war mein Interesse schon geweckt. Das wollte ich mir unbedingt ansehen. Die Gelegenheit bot sich in Kombination mit der Exkursion zum Sibyllenloch an der Burg Teck. Vom Startpunkt in Oberlenningen im Lautertal ging es stetig bergan Richtung Hochwang. 300 Höhenmeter waren zu überwinden. Doch dann war ich plötzlich oben an der Straße und an dem Parkplatz kurz vor Hochwang. (Beim Nachrecherchieren sah ich, dass diese Straße, die unmittelbar am Fußweg in den Fels gesprengt worden ist, erst seit 1954 existiert.) Vom Parkplatz aus sind es noch etwa 100 Meter Wegstrecke durch den Wald zum Naturdenkmal. Als ich plötzlich davorstand, wich ich fast erschrocken zurück. Denn ein etwa 15 Meter tiefes und ebenso weites Loch tat sich vor mir auf – zum Tal hin mit einer Art Öffnung, die wie ein Torbogen anmutet. Das sieht fast wie von Menschenhand gemacht aus, ist aber auf ganz natürlichem Weg entstanden. Es ist eine eingefallene Doline oder in der Geologensprache: eine Einsturzdoline. Das Loch, das sich zum Lautertal hin öffnet, ist der ehemalige Eingang zur Höhle. Beim Einsturz blieb der mächtige Steinbogen, ein sogenannter »Arch«, stehen.

Seinen Namen erhielt das Naturgebilde der örtlichen Erzählung zufolge nach dem Kesselflicker Fink, der im Dreißigjährigen Krieg in der damals wohl noch intakten Höhle Zuflucht fand.

Über den Kesselfink wird in »Sagen der Schwäbischen Alb« eine Überlieferung wiedergegeben: Demnach irrt der Kesselfink auf den Felsen bei Oberlenningen, weil er an einem Sonntag eine Eiche gestohlen hat. Er leite, besonders im Winter, die Reisenden, die sich auf die Nacht verlassen, in die Irre. Nun denn, zum Glück war ich im Sommer und tagsüber unterwegs und fand unbeschadet zurück zum Bahnhof in Oberlenningen.

Das Kesselfinkenloch mit dem Steinbogen »Arch«

Rot-Buche krallt sich auf dem Fels fest

Streuobstbau um Oberlenningen

Unweit des Kesselfinkenloches liegt übrigens die Falkensteiner Höhle, die im Sommer 2019 bundesweit bekannt wurde, weil zwei Männer durch Wasser in der Höhle eingeschlossen waren und in einer Rettungsaktion wieder herausgeholt werden mussten. Auf Gemeindegebiet liegen weitere Höhlen, die zu begehen sind: die Gußmannshöhle, die Gutenberger Höhle und die Wolfsschluchthöhle. Insgesamt sind es 21 flächenhafte Naturdenkmale und acht Einzeldenkmale. Die Gegend um Oberlenningen ist eindeutig ein Muss für Höhlengänger.

Informationen

Anfahrt: Das Kesselfinkenloch liegt direkt am Albtrauf auf dem Gebiet des Lenninger Ortsteils Hochwang in 690 Meter Höhe, dicht an der Grenze des Regierungsbezirks. Es ist als flächenhaftes Naturdenkmal unter der Bezeichnung »Kesselfinkenloch mit Felspartie und Frühmeßfels« ausgewiesen; gleichzeitig ist es ein geschütztes Biotop mit der Bezeichnung Doline Kesselfinkenloch W von Lenningen.

Vom Bahnhof Oberlenningen aus ist es zu Fuß in einer guten halben Stunde erreichbar. Wer mit dem Auto anreist hat es bequemer. Vom Parkplatz an der Straße zwischen Oberlenningen und Hochwang sind es nur etwa 100 Meter ziemlich ebener Fußweg. Wer mit Kindern hierher kommt sollte aufpassen, denn das Loch ist nicht gesichert. Es besteht Absturzgefahr!

Sibyllenloch und Sibyllenspur

Sibylle von der Teck und ihr Pudel

Owen/Teck

49 Beim Annähern mit der Bahn rückt die Teck ins Bild – ein weit in die Ebene vorkragender Ausläufer, ein sogenannter Zeugenberg der Schwäbischen Alb mit der Burg auf der Spornspitze, 773 Meter hoch gelegen. Der Weg vom Bahnhof aus nach oben führt zunächst durch den Ortsbereich, dann durch blühende Wiesen mit viel Wildem Majoran. Auf der Höhe des Vulkanembryos Hohenbol, wo sich ein Wanderparkplatz befindet, setzt er sich mit einem Fußpfad durch eine Lindenallee fort. Die letzten 200 Höhenmeter geht es durch den Wald.

Vor dem Betreten des Burgareals begab ich mich nach rechts abwärts zum Sibyllenloch im Felsensockel der Burg Teck. Die hochgelegene, frei zugängliche Höhle reicht noch weiter in den Fels hinein. Bei Ausgrabungen fanden Forscher hier zahlreiche Tierskelette aus der Eiszeit. Interessant ist sie vor allem wegen der hier verorteten Legende. Über das Sibyllenloch und die geheimnisvolle Sibyllenspur wird folgende Sage erzählt: »Die so geheißene Höhle an der Teck ist der Aufenthalt einer überirdischen Frau Namens Sibylle, durch deren Schutz die Gegend auf 3 Stunden im Umkreiß vor Kriegsschaden bewahrt bleibt. Drei Streifen, die man zwischen Pfingsten und der Ernte von der Höhle ausgehen sieht, bezeichnen den Weg der Sibylle: zwei rühren von den Rädern ihres Wagens her, die dritte von dem Hund, der sie begleitete. Dieser, ein schwarzer Pudel, bewacht im Innern einen großen Schatz; wer mit ihm zu sprechen versteht, kann Gold mitnehmen so viel er will.«

Diese Version, die ich dem Buch »Sagen der Schwäbischen Alb« von Klaus Graf entnehme, hatte der Lehrer Albert Schott im Jahr 1847 aus Erzählungen seiner Schüler zusammengefasst. Derselben Quelle entnehme ich, dass der schwäbische Dichter Gustav Schwab bereits

Abstieg zum Sibyllenloch

Sibyllenloch unter der Burg Teck

1823 über das merkwürdige Phänomen der Sibyllenspur geschrieben hat: »Den Namen Sibyllenloch hat der Höhle ohne Zweifel auch die Volkssage gegeben. Eine Sibylle soll hier als Prophetin und Hexe gehaust haben und mit feurigem Zauberwagen ins Thal hinabgefahren seyn. Auf der Stelle, über die der Wagen in die Ebne fuhr, verdorrt noch auf den heutigen Tag Gras, Kraut und Halm. Mit jedem Frühjahr erscheint der rothe Strich quere durch das Feld. Das Phänomen ist nicht zu läugnen. Kommt es vielleicht von einem unterirdischen Gang her, der eine Strecke des Feldes unterminiert und das Wachstum hindert?«

Gustav Schwab war mit seinen Vermutungen auf der richtigen Spur. Die im Gelände offenbar deutlich sichtbaren Spuren haben einen ganz realen Hintergrund. Hier verläuft nämlich ein Teilstück des römischen Limes. Erst bei Grabungen im Jahr 1976 entdeckten Forscher dessen bauliche Reste.

Unabhängig von der Sibyllensage ist die Burg Teck eine bedeutende Anlage. Im 12. Jahrhundert war sie Stammsitz der Zähringer, später der Herzöge von Teck. Im 14. Jahrhundert kam sie an Würt-

Aufstieg durch blühende Wiesen zur Teck und weiter Blick übers Land

temberg. Bereits 1525 wurde sie im Bauernkrieg niedergebrannt. Ende des 19. Jahrhunderts wurde auf der mittelalterlichen Ruine ein Aussichtsturm errichtet; im 20. Jahrhundert kamen weitere Gebäude hinzu. Seit 1941 ist die Burg im Besitz des Schwäbischen Albvereins, der hier ein Wanderheim betreibt. Ein großes Restaurant mit Gartenwirtschaft gibt es auch. (www.burg-teck-alb.de)

Von der Brüstung der Burg aus hat man einen hervorragenden Blick bis in den Großraum Stuttgart und zu den Zeugenbergen bei Göppingen – vielleicht der schönste Ausblick im nördlichen Württemberg.

Informationen

Anfahrt: Über die A 8, Ausfahrt Kirchheim unter Teck, dann weiter über die B 465 nach Owen. Anreise aus dem Großraum Stuttgart mit der S1 bis Kirchheim unter Teck und von dort mit Bahn oder Bus weiter bis Owen (Teck). Auf die Burg Teck gelangt man nur zu Fuß! Owen ist noch insofern bedeutend, als Eduard Mörike von 1829 bis 1831 hier evangelischer Pfarrvikar war.

Messelberg und Messelstein

Den Göttern ganz nah

Donzdorf

50 Als Schlusspunkt dieses Buches will ich Ihnen einen weiteren Blick übers Land ermöglichen und Sie auf den Messelstein einladen, den 748 Meter hoch gelegenen Aussichtspunkt am Albtrauf. Folgen Sie mir also auf den Berg. Wie Sie sicher schon gemerkt haben, zieht es mich häufig vom Tal auf die Höhe. Ich mag die steilen, schweißtreibenden Aufstiege und – oben angekommen – das Gefühl, es geschafft zu haben. Der Messelberg liegt als weithin sichtbarer Plateauberg im Rücken, östlich von Donzdorf.

Von dem hervorspringenden Messelstein-Felsen, einem Weißjura-Felskopf, hat man einen wunderschönen Panoramablick über das Lautertal und hin zu den Drei-Kaiser-Bergen, zu Hohenstaufen, Rechberg und Stuifen, alle drei Bergkegel vulkanischen Ursprungs. An diesem exponierten Punkt können schon Allmachtsgefühle aufkommen. So ähnlich muss es auch den Stauferfürsten ergangen sein: In Sichtweite, auf Burg Hohenstaufen, jedenfalls hat das Adelsgeschlecht der Staufer seinen Stammsitz.

Auf dem Messelstein ist man dem Treiben tief unten im Tal entrückt

Der Messelstein mit den Zeugenbergen Rechberg und Stuifen

Der Messelstein war bereits in prähistorischen Zeiten besiedelt. Archäologen entdeckten bei Grabungen eine dicke schwarze Schicht von Scherben. Gisela Graichen deutet diesen Fund in »Das Kultplatzbuch. Ein Führer zu den alten Opferplätzen, Heiligtümern und Kultstätten in Deutschland« als Opfergefäße, die dem profanen Gebrauch entzogen werden sollten. Ihr zufolge handelt es sich beim Messelstein um eine als Brandopferaltar genutzte Stätte, die es in Mitteleuropa seit der Bronzezeit gab. Die Voraussetzung dafür, nämlich ein weithin sichtbarer Bergvorsprung oder eine Felskuppe zu sein, trifft auf den Messelstein voll und ganz zu. An solchen Kultstätten wurden einst Brandopfer dargebracht – Tiere, Getränke und Speisen, zusammen mit den zerschlagenen Tongefäßen. Der emporsteigende Rauch sollte die Götter gnädig stimmen.

Dass es sich beim Messelstein auf jeden Fall um einen besonderen Ort, einen kraftvollen Ort handelt, spürte auch ich. Als ich den Messelstein erreichte, hob sich allmählich der Nebel, der bei meinem Aufstieg den Bergwald eingehüllt hatte. Nebelschwaden zogen vom Tal in die Höhe und um den Bergvorsprung herum, auf dem ich stand. Während meines halbstündigen Aufenthalts auf dem Felsplateau wollte sich die Sonne jedoch nicht so richtig zeigen; es wurde zwar heller, blieb aber leicht diesig, so dass ich nicht, wie erhofft, Bilder mit strahlend blauem Himmel aufnehmen konnte. Aber beeindruckend war der Ausblick von oben auch so. Störend fand ich nur den Verkehrslärm von der B 466. Den Göttern würde das bestimmt nicht gefallen. Sie würden sich heute nicht mehr zeigen.

Den Rückweg nach Donzdorf wählte ich über den Rötelstein. Er führt über einen bestens ausgeschilderten und gut zu gehenden Wanderpfad durch Hainbuchen- und Rotbuchenwälder, am Flugplatz Donzdorf auf der Albhochfläche des Messelbergs vorbei und über Oberweckerstell (mit Resten einer Lindenallee), Vogelhof und Vogelsteig hinunter nach Unterweckerstell. In diesem ruhigen Seitental der Lauter mit seinen Wiesenabhängen fühlte ich mich fast wie in der Schweiz, wie im Berner Mittelland. Wieder unten im Schlosspark

angekommen und zu dem zu mir herunterschauenden Messelstein hinaufschauend mochte ich es kaum glauben, dass ich erst zwei Stunden zuvor da oben gestanden und herunterschaut hatte, und dass ich für den Aufstieg nur etwa eine Stunde gebraucht hatte.

Informationen

Anfahrt: Donzdorf liegt an der B 466, nur wenige Kilometer entfernt von der B 10. Donzdorf ist auch mit öffentlichen Verkehrsmitteln gut erreichbar. Die nächstgelegene Bahnstation ist Süßen an der Bahnstrecke Stuttgart – Ulm – München. Von dort aus fährt man mit dem Bus 7688 oder 7689 bis zur Haltestelle Stadthalle.

Von der Stadtmitte aus (ein guter Start ist vom Schlosshof aus) geht es über die Messelbergsteige auf gut ausgeschilderten Wegen steil nach oben auf 748 Meter Höhe. Ein Rundwanderweg, die Messelstein-Runde, ist ausgewiesen. Wer mit dem PKW anreist, findet rund um den Messelberg etliche Wanderparkplätze.

Donzdorf mit seinem Schloss und dem Schlosspark mit altem, schönem Baumbestand lohnt ebenfalls eine Erkundung.

Und noch ein Tipp: Die sehr sehenswerte TV-Doku »Halbe Hütte« spielt in Donzdorf, zu Füßen des Messelberges.

Anhang

Literaturnachweis

Amt für Umweltschutz der Landeshauptstadt Stuttgart, (Hrsg.) Ulrike Kreh: Naturdenkmale Stuttgart. verlag regionalkultur, Heidelberg – Ubstadt-Weiher – Basel 2005

Binder, Hans; Jantschke, Herbert: Höhlenführer Schwäbische Alb. DRW-Verlag, 7. völlig neu bearbeitete Auflage, Leinfelden-Echterdingen 2003

Bross-Burkhardt, Brunhilde: Gärten & Parks in Baden-Württemberg. L & H Verlag, Berlin 2020

Bross-Burkhardt, Brunhilde: Gärten an Kocher, Jagst und Tauber. Ein Reiseführer ins Grüne. Silberburg Verlag, Tübingen 2016

Bross-Burkhardt, Brunhilde: Hohenlohe. Der Reiseführer. Swiridoff Verlag, 2. aktualisierte Auflage, Künzelsau 2004

Cichy, Bodo: Die Lindenanlage von Neuenstadt am Kocher, Kreis Heilbronn. Vom Überleben eines einmaligen Kulturdenkmals. In: Denkmalpflege in Baden-Württemberg, 3. Jg. 1974, Heft 3, S. 2–7

Fröhlich, Hans-Joachim: Wege zu alten Bäumen. Band 12 – Baden-Württemberg. Mit Standorten und Kurzbeschreibungen von über 250 Exemplaren. WDV Wirtschaftsdienst, Frankfurt am Main 1995

Gräter, Carlheinz: Hohenloher Miniaturen. Geschichte und Geschichten. Silberburg-Verlag, Tübingen 2012

Graf, Klaus (Hrsg.): Sagen der Schwäbischen Alb. DRW Verlag, Leinfelden-Echterdingen 2008

Graichen, Gisela: Das Kultplatzbuch. Ein Führer zu den alten Opferplätzen, Heiligtümern und Kultstätten in Deutschland. Bechtermünz Verlag im Weltbild Verlag GmbH, Augsburg 1997

Hassler, Michael (Hrsg.): Der Michaelsberg. Naturkunde und Geschichte des Untergrombacher Hausbergs. Verlag Regionalkultur, Ubstadt-Weiher 1998 (Beihefte zu den Veröffentlichungen für Naturschutz und Landschaftspflege in Baden-Württemberg Nr. 90)

Heimat-Verein Herbrechtingen (Hrsg.): Eselsburger Tal. Kleinod der Ostalb. Selbstverlag 1990

Höfinger Heimatverein (Hrsg.): Höfinger Heimatbuch. Eigenverlag, Leonberg-Höfingen 1986

Krüger, Lutz: Die Giganten des Königs. Historische Mammutbäume in Württemberg. Selbstverlag, Edition 2019, auch als eBook erhältlich. Informationen unter www.wilhelma-saat.de

Landesanstalt für Umweltschutz Baden-Württemberg (Hrsg.): Höhlen und Dolinen. Biotope in Baden-Württemberg Nr. 2., Karlsruhe 1995

Lucke, Rupprecht; Silbereisen, Robert; Herzberger, Erwin: Obstbäume in der Landschaft. Verlag Eugen Ulmer, Stuttgart 1992

Mattern, Hans: Auf Naturschutzfahrten im nördlichen Württemberg. Landesanstalt für Umweltschutz Baden-Württemberg, 1995

Setzler, Wilfried: Mit Schiller von Ort zu Ort. Lebensstationen des Dichters in Baden-Württemberg. Silberburg Verlag, Tübingen 2009

Stadt Mannheim (Hrsg.): Grüne Orte in Mannheim. 2013

Straub, Wilhelm: Sagen des Schwarzwaldes. Konkordia Verlag GmbH, Bühl/Baden 1985

Wolf, Reinhard; Kreh, Ulrike (Hrsg.): Die Naturschutzgebiete im Regierungsbezirk Stuttgart. Jan Thorbecke Verlag, Ostfildern 2007

Taschenbuch des Naturschutzes in Baden-Württemberg. Ein Leitfaden für den Naturschutzdienst und alle, die die Natur schützen wollen. Hg. Landesnaturschutzverband Baden-Württemberg e. V., 6. Auflage, Stuttgart 2016

Webseiten:

www.monumentaltrees.com
www.monumentale-eichen.de
www.baumkunde.de

Bildnachweis

Alle Fotos stammen von der Autorin, außer:

S. 115 rechts: By Holger Uwe Schmitt - Own work, CC BY-SA 4.0,
https://commons.wikimedia.org/w/index.php?curid=47525604 |
S. 160/161: Von Holger Uwe Schmitt - Eigenes Werk, CC BY-SA 4.0,
https://commons.wikimedia.org/w/index.php?curid=52454287
S. 162: Von Ramessos - Eigenes Werk, Gemeinfrei,
https://commons.wikimedia.org/w/index.php?curid=7764046
S. 169 beide: Von Thilo Parg - Eigenes Werk, CC BY-SA 3.0,
https://commons.wikimedia.org/w/index.php?curid=9712485

Tipps zur Anreise

Die Anreise mit öffentlichen Verkehrsmitteln zu den Naturdenkmalen erwies sich bei meinen Rechercheresein als gut machbar, auch wenn ich einige Male mit Schienenersatzverkehr, mit Zugausfällen, verpassten Verbindungen etc. zu tun hatte – das übliche Los der Bahnreisenden. Eine kleine Herausforderung war es jeweils, auf den Busbahnhöfen mit der jeweiligen Ausschilderung der Verkehrsverbünde den richtigen Bussteig für die Weiterfahrt mit dem Bus zu finden.

Überhaupt die Ausschilderungen: Trotz guter Karten (ich bin nach wie vor mit gedruckten Landkarten unterwegs) und guter Vorrecherche war es manchmal nicht einfach, die Naturdenkmal-Ziele zu finden. Google Maps hilft vor Ort oft nicht weiter. Die Gelände-Topographie und kleine Wege werden da nicht richtig wiedergegeben.

Die Ausschilderungen im Gelände schienen mir manchmal eher auf Radfahrer und sogar E-Bike-Fahrer ausgerichtet zu sein; für traditionell Wandernde und Naturdenkmal-Suchende sind sie dagegen an manchen Orten eher dürftig. Das Naturdenkmal-Schild ist nicht immer vorhanden. Paradoxerweise war die Orientierung gerade in touristisch orientierten Gemeinden schwierig, denn diese schildern ihre Rundwege im Gelände mit Ziffern oder kryptischen Symbolen aus und bedienen bevorzugt Smartphone-Nutzer. Wer aus einer Nachbargemeinde ins Gebiet einwandert, hat da schlechte Karten. An manchen touristischen Punkten war ich mit Schilderwäldern konfrontiert, die kaum zu begreifen waren. Mir sind zur Orientierung schlichte Schilder, die Ziel und Entfernung angeben, am liebsten. Da wusste ich die zuverlässigen und gut platzierten Ausschilderungen des Schwäbischen Albvereins sehr zu schätzen.

Umschlagfotos

Die Fotos auf dem Umschlag gehören zu folgenden Kapiteln (von links nach rechts):

Titelseite
Großes Foto: Hessigheimer Felsengärten (Hessigheim) S. 90
Geroldsauer Wasserfälle und Bernickelfelsen (Baden-Baden) S. 49
Maulbeerinsel (Mannheim) S. 19
Giersteine (Forbach-Bermersbach) S. 55

Rückseite
Rosenstein mit Großer und Kleiner Scheuer und Teufelsklinge (Heubach) S. 146
Burgruine Löffelstelz (Mühlacker-Dürrmenz) S. 73
Eselsburger Tal mit Steinernen Jungfrauen (Herbrechtingen) S. 160

Die Deutsche Nationalbibliothek verzeichnet diese Publikation
in der Deutschen Nationalbibliografie;
detaillierte bibliografische Daten sind im Internet über
http://dnb.d-nb.de abrufbar.

1. Auflage 2020

Berliner Allee 38, 13088 Berlin, Tel. +49 (0) 30 41 93 50 14
info@steffen-verlag.de, www.steffen-verlag.de

Herstellung: Steffen Media, Friedland – Berlin – Usedom
www.steffen-media.de

ISBN 978-3-95799-090-7